弾丸が変える現代の戦い方

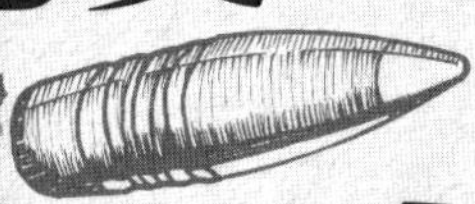

二見龍｜照井資規 著

Futami Ryu | Motoki Terui

誠文堂新光社

はじめに

本書は、自衛隊にコンバットメディック（軍事医療）の道を切り開き、現在、日本のみならず海外からも絶賛され、多方面にコンバットメディックの重要性を広げている『イラストでまなぶ！　戦闘外傷救護―COMBAT FIRST AID―』（ホビージャパン刊）の著者で軍事・有事医療ジャーナリストでもある照井資規（てるいもとき）氏に、コンバットメディックと双頭の位置づけにあるが、今までほとんど語られていなかった弾道と弾薬に焦点を当てて語っていただくとともに、小銃、機関銃と弾薬に関する最新情報などを大量に寄稿していただきました。

本書の内容を理解すると、驚きからやがて危機感に変わります。なぜなら、小銃から撃ち出される弾の構造とその進化の関係は思った以上に深く、弾の進化が戦いを変えていくことに驚愕するからです。

また、世界各国の動きは、戦略的であり、日々進化を続け、戦い方自体が変わろうとしているからです。

したたかに確実に進化している世界に目を向けなければ、日本は取り残されてしまうのがわかります。そのため、陸上自衛隊員だけでなく、海空自衛隊、テロ対策を始めとする銃に関係する警察、海上保安庁、民間の警備関係者、医療関係者、危機管理に関わる関係者、そして知識として一般の方にも知っていただきたい内容だと思っております。

2020年4月　二見龍

目次

第2章 小銃弾の進化

第3章 弾丸と小銃のトレンド

第4章　他国の戦略的思想　123

二見龍（ふたみ・りゅう）
防衛大学校卒業。第8師団司令部３部長、第40普通科連隊長、中央即応集団司令部幕僚長、東部方面混成団長などを歴任し陸将補で退官。防災士、地域防災マネージャー。現在、株式会社カナデンに勤務。Kindleの電子書籍やブログ「戦闘組織に学ぶ人材育成」及びTwitterにおいて、戦闘における強さの追求、生き残り任務の達成方法等をライフワークとして執筆中。著書に『自衛隊最強の部隊へ－偵察・潜入・サバイバル編』、『自衛隊最強の部隊へ－CQB・ガンハンドリング編』（ともに誠文堂新光社）、『警察・レスキュー・自衛隊の一番役に立つ防災マニュアルBOOK』（ダイアプレス）がある。
ブログ：https://futamiryu.com/　Twitter：@futamihiro

照井資規（てるい・もとき）
陸上自衛隊富士学校普通科部と衛生学校にて研究員を務める。現代の戦傷医療に関するスペシャリスト。自衛隊退職後の現在、愛知医科大学医学部、琉球大学医学部、新潟大学医学部災害医療教育センターで医療安全や事態対処医療の講師を務める。軍事・医療雑誌への寄稿多数。病気、外傷、平時、有事の区別なく、日本の救命医療の問題解決について取り組む一般社団法人TACMEDA代表理事（http://tacmeda.com/）。著書に『イラストでまなぶ！ 戦闘外傷救護　増補改訂版』（ホビージャパン）、翻訳に『救命救急スタッフのためのITLS 第2版』（ＭＣメディカ）、『事態対処医療』（へるす出版）がある。
ブログ：http://blog.livedoor.jp/speranza_raggio-ranger_medic/
Twitter：@TACMEDA

第1章

米国国防の2大失策

陸上自衛隊退職後、軍事・有事医療ジャーナリストになる

二見　まず、照井さんの近況（２０１９年12月現在）をお伺いしてもよろしいでしょうか?

照井　現在、愛知医科大学医学部では、4年生を対象に医療安全(＊1)についての講師をしております。新潟大学医学部災害医療教育センターでは、履修証明プログラムe-learning講義（インターネットを利用した通信講座）にて「事態対処医療」についての講師もしております。事態対処医療とは、通常の警察力では対応できない、銃の乱射事件や爆発物などによる凶悪事件、テロや破壊工作、CBRNe事態、戦争（軍隊の作戦地域を除く）など特殊な状況における医療のことです。

　また、雑誌の連載記事を書いております。月に2回刊行される『医薬経済』誌には「平時医療体制の破綻に備える」と題して、事態対処医療、災害医療について。こちらは4年続いています。『ストライクアンドタクティカルマガジン』（SATマガジン）では「重要影響事態対処医療の最前線」を3年続けました。『アームズマガジン』では「Combat First Aid」を1年。『軍事研究』誌２０１６年８

＊1　質の高い医療の提供を目的とした医療における安全のための取り組み
1・患者の安全（医療事故、自然災害、人為災害への対応も含む）
2・医師、看護師など医療従事者や職員の安全
3・医療事故への対応
4・医療の質の担保（教育システムの改善も含む）

月号の「四肢が吹き飛ぶ戦闘外傷からのサバイバル」の内容は同年9月30日（金）での衆議員予算委員会にて民進党 辻本清美議員の質問に引用されました。同じく、２０１６年10月号「実効性疑わしい！陸自救命ドクトリン『10分1時間』」の内容は同年10月11日（火）での参議院予算委員会にて民進党 大野元裕議員（現埼玉県知事）の質問に引用されています。他にも『安全保障と危機管理』誌などの国立国会図書館にも保管される雑誌において、最大で4誌同時に連載記事を書いていたこともあります。現在はNext Media Japan In Depth など、情勢に即して発信でき、広く拡散できるインターネット記事の執筆に力を入れています。

また、ＪＩＣＡ(＊2)の仕事の手伝いが増えておりまして、海外でこれから展開する日本人の安全を確認するための調査や、現地で活動している日本人に対して安全の教育を行っており、これまでに世界13ヵ国・在外邦人８３４名・現地国人68名の教育実績をあげました。ヨルダンの首都アンマンにある、特殊作戦訓練センター「ＫＡＳＯＴＣ（カソテック）」に日本人の医師と看護師などを派遣して研修を受けさせようとする試みは、テレビ東京系列の「未来世紀ジパング」（２０１９年5月22日放送）やテレビ朝日系列、インターネットテレビAbemaSPECIALチャ

＊2 ジャイカ（Japan International Cooperation Agency）。政府開発支援（ODA）の取り組みの1つで、開発途上国などの経済、社会の発展に貢献することを目的とする独立行政法人

ンネル「10億円会議 supported by 日本財団#23」(同年7月16日放送)にて取り上げられました。月の半分は日本にいないという状態です。

二見 勉強もなさっていると伺っております。

照井 一般社団法人TACMEDAを経営しておりますので、その経緯で昨年度は日本工業大学専門職大学院に通いました。現在は日本大学にて法律を勉強しています。

TACMEDAは、もともとは警察官、自衛官、DMAT(災害派遣医療チーム)を対象に事態対処医療について教育を提供するために創立したのですが、現在では世界からの要望により、東アジア圏における救命教育全般を担うようになり、日本国内では、病気、外傷、平時、有事の区別なく、日本の救命医療の問題解決について取り組むようになり、最近では警備犬、歩哨犬の救命教育、ペットと飼い主のための救命教育まで全国的に行うようになっています。こうした事業戦略や価値創造ができたのは、大学院で専門的に学んだためです。

二見 それは修士課程ですか?

照井 MOT(Management of Technology)技術経営学修士です。

二見 そうすると今は毎日が時間との戦いですね。

照井 そうですね。朝8時から夜10時近くまで働きっぱなしですね。

二見 その忙しさは、これからのことを考えると嬉しいことでもありますね。

照井 はい、そうですね。会社を経営しておりますので社員もいますし、一般社団法人を途絶えさせてしまうと、自衛官と海外で活動する日本人の命を守る取り組みがすべてないがしろになってしまうものですから。何が何でも成功させなければいけない、一番頑張らなければいけないときですね。

会社は社長のものでもなく、株主のものでもない、社会のものになりました。最近の企業の在り方として、

CSR（Corporate Social Responsibility 企業の社会的責任）

CSV（Creating shared value　社会問題解決と企業の事業戦略との一体化による共通の価値創造）

が求められるようになり、寄付のような間接的な社会貢献ではなく、企業活動そのものが社会に貢献し、社会問題を解決することが求められるようになりましたから、経営者には相応の人格が求められます。また、今世紀に入り、誰でも社長

になれるようになりましたが、95％は創業して3年以内に倒産しています。社長のうち「経営者」にまでなれるのは、ほんの5％というのが現実です。経営者としてふさわしい地位の向上と権限の拡大に耐えうる精神的骨格を効率良く身につける上でも、大学院でMOTを修了したことは大いに役立っています。

二見　活躍の場も広がっていますね。２０１８年2月に出版された『イラストでまなぶ！　戦闘外傷救護―COMBAT FIRST AID―』（ホビージャパン刊）について、何かエピソードを聞かせていただけますか。また、本を出してからの反響はどうでしょうか？

照井　こちらの本は、出版を担当して下さった方が弊社のウェブサイトを見て、興味があるということで、ワークショップを受講されたのがきっかけでした。「この内容は本にして広げるべきである」とご好評をいただき、出版という形になりました。それ以前にも、あちこちの出版社に本を出したいというお話はしていたんですけども、日本においてテロ対策としての医療の必要性がわからないとか、如何せん、現在は活字の本が売れない時代ですので、まずこんな本は売れないだろうということで断られることが多かったですね。

現在、この本の内容を体験的に学べる研修コースを全国5ヵ所（札幌、東京、香川、福岡、那覇）で開催しているのですが、毎週末、医師、看護師、救急救命士、自衛官や警察官、海上保安庁の方々が習いに来ます。皆さん、そこで学んだ内容をびっしりと資料の行間や余白に細かい字や絵で書き込んで、「この本は命を守る一生の宝物です」と言って下さるのが何よりも嬉しいです。自衛隊の教範と違って退職時に返納や焼却処分しなくてもいいですし、出版社には自衛隊の部隊から感謝の声が寄せられています。また、外務省に80冊を納めまして、世界中の日本大使館に備えられています。

二見　この本は予想を超えて売れて、重版されたと聞いております。

照井　２０１８年2月27日に発売になったんですけれども、１ヵ月もしないうちに６５００部すべて売り切れました。その後はずっと品切れが続き、Kindle版だけが売れ続ける形となり、重版出来となりました。２０１９年4月23日には60ページを増やし、内容の80％を更新した増補改訂版が発売されました。初版は３刷、増補改訂版も重版出来となり、どちらも1万部以上が売れています。

二見　そうすると、また講演などで忙しくなりますね（笑）。次の本の構想などもあるのでしょうか?

照井　この本を災害時向けに書き直した内容の本を現在執筆中です。また、この本の翻訳も決まっておりまして、韓国語版はすでに刊行され、韓国でも重版となり、韓国軍の推薦図書となりました。今後、英語版、フランス語版、アラビア語版、ペルシャ語版、タイ語版が出版される予定です。翻訳本は、2020年11月にアメリカのフロリダで開催されるＩＴＬＳ(＊3)国際会議で並ぶ予定です。

二見　そうすると、すごい数の本が出版されそうですね。

照井　国際的な需要は多く、韓国語版は現在の朝鮮半島の緊張度が高まるにつれて、韓国の方からぜひ出したいという要望がきました。在韓米軍の方からも英語版を出してほしいと要望がありました。この本は米軍の戦闘救護の内容をアニメ風のイラストで解説しているんですけども、日本のアニメはアメリカでも人気ですから、こちらの方がわかりやすくて楽しく学べるとのことです。

　また、フランスでは、アメリカの医療技術が高いのはわかっているんですけども、アメリカのものをそのまま受け入れるのはちょっと抵抗があるようです。その一方で日本のマンガは大好きですから、こういう本があるならぜひひと、昨年6

＊3　ITLS(International TrauMa Life Support)。外傷救護・初治療を発展させる国際的な取り組み

月のＥＵＲＯＳＡＴＯＲＹ２０１８(＊4)のときに言われました。

二見 連載も抱えておられるので、締め切りが大変そうですね。

照井 締め切りに追われておりますね（笑）。ただ、連載記事を書くことで、自分の考えですとか勉強していることを整理でき、それが教育資料にもなっているので、大変役に立っております。

二見 それは本当にいいことですよね。１つの資料がいろんなところで活用できるというのは、とても大事だと思います。

照井 私が「軍事」と「医療」のそれぞれの分野の雑誌で連載記事を書き始めたのは、軍事・有事医療ジャーナリストになるためでした。今は誰もがカメラを持ち、世界に発信することができる時代です。世の中には情報が溢れ、誰でも簡単に入手できるようになりました。その一方で、フェイクニュースをはじめとする偽情報などの「雑音」も溢れるようになりました。ジャーナリストの仕事は、単に写真を撮り情報を集める仕事から、写真を撮って情報を得て、そこからプロとして何をするかが問われるようになったのです。

そこで、自衛隊の幹部時代に習得した戦術の思考過程を活用して、世の中に

＊4 ユーロサトリ。2年に一度、パリで開催される世界最大の国際防衛・安全保障見本市

本当のことを伝えようと思いました。目の前の情報は誰でも簡単に手に入りますが、3年先の短期、9年先の中期、25年先の将来については洞察力がなければ書けません。また、世の中の軍隊が提供する情報はほとんどがUNCLASSIFIEDです。(*5) これは日米共同訓練でも自衛隊の海外研修でもAASAMでも同じで、(*6) 気前よく秘密を話す軍隊などないのです。そこで、自衛隊幹部のキャリアを活かして軍事の実相を明らかにしようとも思いました。

二見 以前は小銃やASSAMの実態などについて照井さんが執筆した記事が掲載されているのを、陸上自衛隊の機関誌『FUJI』にてよく目にしたものですが、最近は照井さんの記事を見なくなりました。それはなぜですか?

照井 自衛官時代、機関誌『FUJI』には陸自隊員個人としてもっとも多く投稿し、優秀記事の表彰ももっとも多く受けました。自衛隊に在職しながらの情報発信もできたのでしょうが、平成26年8月に私が富士学校から衛生学校研究部に異動して以来、当時の衛生学校研究部長から部内外を含めてあらゆる情報発信を禁じられました。私個人の見解が陸自衛生科全体の見解ととらえられては困るというのがその理由でしたが、機関誌『FUJI』をはじめ、自衛隊内には情報伝

---

*5 秘密区分なしの意

*6 アーサム(Australian Army Skill at Arms Meeting)。オーストラリア陸軍主催の国際射撃競技会

達の早い個人の意見発表の場は設けられています。衛生学校からアカデミックハラスメントのような圧力を受けたことも、私が退職せざるを得なかった要因の1つとなりました。

二見 なるほど。それではここからは軍事・有事医療ジャーナリストとして、最新の海外の軍事状況と、それと比較した自衛隊の問題について、大いに語っていただこうと思います。

同盟国アメリカ合衆国を正しく理解すべき

最近ではACSA(＊7)に今までのアメリカの他に、オーストラリア、イギリス、カナダ、インド、フランスが加わり6ヵ国になりましたが、在日米軍、日米共同訓練で知られるように、日本にとってアメリカ合衆国はもっとも密接な安全保障上の同盟国です。そして、〝海外の軍隊〟と言えば米軍で、世界最大の規模と強さを誇ると思いがちです。しかし、ベトナム戦争での米陸軍は、M16ライフルが設計と性能仕様書に適合しない弾薬を用いた場合、過度の機能障害を起こす可能性のあることを知りながら、何千挺ものM16ライフルをベトナムに送り、全数のう

＊7 アクサ（Acquisition and Cross-Servicing Agreement）。物品役務相互提供協定外国と安全保障において協力するための条約。役務とは宿泊、輸送（空輸を含む）、通信、衛生業務、基地支援、保管、施設の利用、訓練業務、修理・整備、空港・港湾業務などの「サービス」のこと。「物品」とは、食料、水、燃料・油脂・潤滑油、被服、部品・構成品である

ち90%で適合しない弾薬を使用させ、銃の慢性的故障と作動不良により多くの米軍将兵を死に至らしめました。後で詳しく話しますが、この問題を米国議会では「犯罪的怠慢に近い」と報告書で述べています。アメリカとは、お金儲けのためであれば軍隊が自分の将兵を殺してしまうような国なのです。

1970年代から米海軍は、過剰に高性能で高価な戦闘機であるF－14[*8]を装備したために、F－86[*9]に比して1日あたりに必要な費用が約80倍に増えました。これは性能の差で埋められるものではありません。高価で大型の戦闘機は複雑すぎて故障も多く、訓練のために飛ばす回数も減ったため、制空能力はますます低下し、「一方的軍縮」「自滅的軍縮」と言われています。これは現在も変わりません。

航空自衛隊は米空軍に倣いF－15[*10]を装備したので、1日の出撃可能回数は約40分の1に低下しました。これも後で話しますが、もしF－16戦闘機[*11]の原型、YF－16であれば、10分の1に抑えられたかもしれません。アメリカ合衆国が費やす軍事関係費は、1分間に約100万米ドルに及びますが、これだけの巨費を投じて、米軍は必ずしも最良の兵器を備えているわけでもなければ、最強でもありません。むしろ自軍の多くの将兵を自らの武器で死なせてしまったことすらありま

*8 アメリカ海軍の保有・運用するF－4ファントムⅡの後継機として、アメリカ合衆国のグラマン（現ノースロップ・グラマン）社が開発した艦隊防空戦闘機。愛称は「雄猫」を意味するトムキャット。第4世代ジェット戦闘機に分類。可変翼と長射程のAIM－54フェニックスの運用能力を特徴としている。1970年の初飛行を経て1974年にアメリカ海軍、イラン空軍で運用開始

す。巨額の軍事費は米国経済を大いに圧迫しているため、アメリカ国民を守っているとも言い難いのが現状です。

このように、米軍をありがたがって盲目的に信じてしまうと、同じ失敗を繰り返すことになることは軍事ジャーナリスト間では常識です。そのことを自衛官や日本国民にはよく知ってほしいと思います。

私も陸上自衛隊富士学校(*12)の研究員時代に陸自事業としてアメリカに行かせてもらい、Tactical Medicine Essentials（国際標準戦闘救護指導員養成資格）を取得しました。退職してからは、この教育プログラムを日本で行うためのすべてのライセンスを取得し、日本から中東のヨルダンまでを担当するアジア支部ということでTACMEDA（タックメダ：Tactical Medicine council of Asia）という一般社団法人を立ち上げ、防衛組織や警察にはコンバットメディックの普及に努め、企業や学校、交通機関、介護施設への救命教育の普及を通じて医療問題の解決に努めています。米国に本部があり、アメリカで発展している教育プログラムです。そうはいうものの、世界の医学の中心はやはりヨーロッパであることから、フランス、イギリス、ドイツ、スイス、そして日本の原油の輸入国である中東ではヨ

＊9　アメリカ合衆国のノースアメリカン社が開発した亜音速ジェット戦闘機。愛称は「セイバー」。主力戦闘機としてもっとも重きを置いて配備を急いだ傑作機で、第1世代ジェット戦闘機に分類される。1947年の初飛行を経て、1949年からアメリカ空軍をはじめ1950年以降には西側諸国で正式採用された

＊10　アメリカ合衆国のマクダネル・ダグラス社（現ボーイング社）の開発した制空戦闘機。愛称はイーグル（イヌワシ）。1972年の初飛行を経て1976年にアメリカ空軍をはじめとした4カ国の軍で運用された。F-4の後継として開発され、第4世代ジェット戦闘機に分類される。日本では、三菱重工によるノックダウン及びライセンス生産された「F-15J」を航空自衛隊に配備している

ルダン、日本がこれから進出しようとしているアフリカ大陸では南アフリカ共和国へも足を運んで調べ、国際的な動向をつねに把握しています。

M16小銃と5・56㎜小銃弾

退職してジャーナリストになったのは、本当のことを伝えるためです。5・56㎜NATO第2標準弾薬は(*13)、前世紀末までの戦闘の間合いである300m以内で、防弾ベストを着用していない状態ではもっとも殺傷力が高い小銃弾でした。米軍の制式小銃（サービスライフル）となったM16ライフル(*14)の原型であるAR－15は、8万発射撃しても故障が発生しない、1962年当時もっとも信頼性が高い小銃でした。5・56㎜弾に変更すれば、個々の兵士は7・62㎜弾の3倍の弾薬を携行できるようになり、分隊の破壊能力はそれまで制式小銃だったM14ライフル装備時(*15)の5倍に向上することが期待されました。ところが、AR－15がM16ライフルとして採用されて以来、使用する弾薬を本来使用すべき5・56㎜NATO弾薬とは違う、米弾薬メーカーが銃の特性を無視して製造した不適合な5・56㎜弾に変更してベトナム戦争(*16)に投入してしまったために、故障が絶えない

＊11　アメリカ合衆国のジェネラル・ダイナミクス社が開発した第4世代ジェット戦闘機（多用途戦闘機）。愛称は「ファイティング・ファルコン」。1974年の初飛行を経て現在もアメリカ合衆国をはじめとした多数の国で運用されている。航空自衛隊が装備するF－2戦闘機はこのF－16をベースに日米が共同開発した第4.5世代ジェット戦闘機に分類される戦闘機である

＊12　陸上自衛隊の普通科（歩兵）・野戦特科（砲兵）・機甲科（戦車、偵察）及びその3職種の相互協同に関わる教育訓練と研究を行う防衛大臣直轄機関。主な入校学生は普通科、野戦特科及び機甲科の幹部自衛官と陸曹である

欠陥ライフルになってしまいました。

銃は発射装置であり、本来は発射する弾薬を基準に設計されるべきものです。ベトナム戦争当時の米軍では、M16ライフルの装備化の後に使用する弾薬を変えてしまったために、銃の連射速度が毎分７５０発から９００発と異常に速くなりました。これでは速すぎて射手が銃をコントロールできません。それに銃にかかる負担が増えれば、過熱する上に作動部品は早期に摩耗しますし、銃内部に削れた金属粉も付着します。発射薬は不完全燃焼となり銃の発射機構が著しく汚れるので故障が増え、命中精度も殺傷力も極端に低下します。

こうした事態に陥ったのは、ＮＡＴＯ標準弾薬が銃弾のサイズのみを規定しており、消耗品である弾薬の方が銃本体の納品よりも遥かに巨額の富をもたらし、継続的に利益を得られることに目をつけた米国弾薬メーカーによる強引な変更によるものでした。米陸軍は弾薬を変更すれば致命的な故障が発生することを知りながら、ベトナムにM16と不適合弾薬を送り続けたのです。

使用弾薬変更により銃に生じた無理から、故障と作動不良は慢性的となりました。そこへ、それ以前に制式小銃であったM14ライフルの継続使用を望むメーカー

＊13　ベルギーのFNハースタル社とアメリカのレミントン・アームズ社が設計し、北大西洋条約機構（NATO）により標準化された小火器用の小口径高速弾である。NATO加盟国の軍隊を中心に幅広く採用されている

＊14　１９５７年にアメリカ合衆国のユージン・ストーナーによって開発されたアメリカ軍のアサルトライフル。アーマライト社の製品名は「AR－15」、アメリカ軍の制式名はM16。「ブラックライフル」の異名も持つ。口径5・56㎜、5・56×45㎜弾（M１９３弾）を使用

図1　M16A1

と軍人らによる不適合な5・56㎜弾の能力不足とM16小銃の欠陥を誇張した喧伝も加わりました。そこで、これらを解消するために、原型のAR－15を強引に不適切な弾薬に合わせて改造したものがM16A1ライフル[*17]（図1）です。後追いの改造ですから、銃本来の性能が発揮されることがないばかりか、構造が複雑になりさらに故障が増え、戦闘中に50％のM16シリーズが作動しなくなるとの苦情の手紙が米国議会上院議員に届けられるほどでした。

　しかし、ベトナム戦争終戦まで故障は解消されず、弾薬メーカーの利潤追求のために前線の多くの兵士が死ぬことにな

＊15　1954年にアメリカ合衆国のスプリングフィールド造兵廠で設計された自動小銃。第二次世界大戦・朝鮮戦争で使われたM1ガーランドを発展させ開発された。口径7・62㎜で、7・62×51㎜ NATO弾を使用

＊16　1955年11月に開戦し、1975年4月30日に終戦したインドシナ戦争後に南北に分裂したベトナムで発生した戦争の総称。旧北ベトナム（現ベトナム社会主義共和国）では米国戦争、対米抗戦と呼ばれている

＊17　M16の改良型アサルトライフル

りました。しかも、銃の故障は兵士の手入れ不足であると責任が転嫁され、武器手入れ具の納品でも銃器メーカーがさらなる利益を得たばかりか、5・56㎜の新小銃弾が本来の殺傷能力を発揮しなかったのは「敵を殺すのではなくて、傷つけて戦力を減殺するため」と、偽りの情報がメディアによって大々的に流布され、多くの人が今でもこの情報を信じています。

このように、戦争とは国の屋台骨である青年期、壮年期の若者が多く死ぬことに留まらず、巨大な富を巡っての賄賂の横行など悪いことが関連して多く発生します。その中で、もっとも被害を受けるのは最前線の戦闘員であり、国防そのものが危機に晒されるのです。今まで話しましたM16小銃にまつわる問題は、米第90議会、第1会期、下院軍事委員会、M16ライフル・プログラム特別小委員会公聴会で取り上げられたものです。しかし、600ページに及ぶこの公聴会の記録と報告書について、米国メディアが報道することはほとんどありませんでした。それ故に、本当のことを知り、自分の身は自分で守る姿勢が極めて重要です。不幸にして、当時の米軍は将兵自身が信頼できる軍隊ではありませんでした。

F−15戦闘機

1960～70年にかけて、〝米国製兵器の最大の誤り〟と言われたのは、M16小銃とF−15戦闘機（図2）でした。当時の米国土防空に必要だったのはF−4戦闘機（＊18）でもF−15でもF−14戦闘機でもなく、小型軽量で武装は空中戦に絞ったもの、安価で数を揃えられる機体でした。そのあるべき姿として具現化させたものがF−16戦闘機の原型YF−16です。

現代戦の兵器の中で、兵器メーカーにとってもっとも利益になるのはハイテク電子装置です。納品に加え、メンテナンスにより導入後も長い年月、兵器メーカーを潤してくれるからです。そこで、当時米国で開発中であった防空戦闘機には、敵を遠方から発見するための大型レーダーが機首に搭載されるようになり、超音速の飛行速度も求めたためエンジンは2基必要になり、必然的に機体は大型化し、価格は極めて高価に、複雑な電子装置の取り扱いを習得させるため、操縦手の養成期間も長くなりました。こうして誕生したものがF−4、F−15、F−14戦闘機です。

＊18　アメリカ合衆国のマクドネル社がアメリカ海軍初の全天候型双発艦上戦闘機として開発した艦上戦闘機及び戦闘爆撃機。第3世代ジェット戦闘機に分類される。アメリカ海軍をはじめとした多くの国の軍隊で採用された。愛称は「ファントムⅡ」。日本ではさまざまな改修を受けながら、現在でも「F−4EJ」として航空自衛隊による運用が続いている

図2 F-15

必要以上に高性能を追求し、市場が求めるものより遥かに高機能な製品を作ってしまうことにより高価となり、結果、誰にも売れなくなることをビジネス用語で「黄金の差別化」と言います。戦闘機が大きな最高速度と複雑な電子装置を重視した「黄金の差別化」を追求したシリーズになってしまうと、あまりに高価なため、戦闘機の数を揃えられません。しかも複雑なため故障が多くて稼働率も低く、数が少なく故障が多いため操縦手の訓練もままなりません。これに危機感を感じた米空軍の軍人とメーカーが、本来あるべき戦闘機として別個に開発したものがYF

―16戦闘機でした。

大型のレーダーは搭載せず電子装置は必要最小限、武装は機関砲と熱線追尾式のシンプルな撃ち離しミサイルのみ。最高速度はマッハ1・2とF―15の半分以下、価格も重量もF―15の約半分という、軽量で小型な、従前の戦闘機より運用コストのかからない最初の米軍の戦闘機となりました。

戦闘機は数を揃えることが重要です。空域のどこにでも存在し、敵機をいつでも撃ち落とすことができることが抑止力として機能するためです。このためには大量の戦闘機と多数の経験を積んだ操縦手を備え、高い出撃率を維持できることが求められます。安価でシンプルな機体であればこれらを実現できます。操縦手は訓練を重ね経験を積むことができ、故障が少ないため出撃率も高くなるためです。

NATO(＊19)にて行われた演習では、ベルギーのF―16が米軍のF―15に圧勝しました。F―15の高性能レーダーがF―16を探知したと同時にF―16も被レーダー探知警報機でF―15を確認、F―16は小型なので視認しにくく、軽量であるため素早く加速でき旋回できるので、小さく回り込むことができたことと、ベルギーの

＊19　北大西洋条約機構。北アメリカ、ヨーロッパ諸国などによって結成された軍事同盟

F－16操縦手の訓練時間が多かったためです。

敵を発見するのは早期警戒管制機（ＡＷＡＣＳ）[＊20]の仕事であり、戦闘機に高性能レーダーは必要ないこと、瞬間的な高速性能よりも、長く速く飛べることが重要であり、数を揃えることができれば双発エンジンも不要であることを実証したF－16戦闘機は、１９７０年代からの30年間に製造された米国、旧ソ連のどの戦闘機よりも優秀でした。

しかし、ＹF－16がF－16として米軍に装備される際、F－16は地上目標の攻撃と核爆弾投下に用いられる「多目的航空機」に改造され、機体が大型化し20％も重くなることで加速性を失い、当初の目的であった戦闘機としての性能は台無しになりました。複雑な電子装置も搭載し価格も75％高騰、F－16は戦闘機部隊ではなく空対地任務の部隊に配置されたため、地上攻撃用兵器を搭載した状態での待機態勢に置かれてしまい、飛行訓練が十分に行えなくなりました。

戦闘機であれば、空中戦の訓練は実弾を積んで行うので、訓練からただちに要撃[＊21]に移れますが、攻撃機として運用されてしまった場合、爆弾を満載した待機態勢の機体で訓練すると危険極まりないので、待機以外の機体を使い回して操縦

＊20　エーワックス（Airborne Warning And Control System）。航空機に大型レーダーを搭載して作戦空域へ進出し、高高度を飛行することで電波探知距離を拡大させた機体。作戦空域を監視し、敵味方、友軍の航空機を探知・追跡し、安全かつ効率的に航空戦力を運用するために、味方と友軍機に航空交通の指示や情報を与え、航空部隊の指揮・統制を行う

＊21　邀撃（ようげき）とも言う。敵の航空機を待ち伏せて迎え撃つこと。この任務を行う機体を要撃機（Interceptor）と呼ぶ

手の訓練を行うことになり、訓練時間は少なくならざるを得ないです。F－16戦闘機もまた、M16ライフル同様に米軍に導入される際にその本来の性能は失われ、目的を達成することはできませんでした。

しかし、日本の航空自衛隊はF－16の本来持っていた戦闘機としての性能が台無しになった機体をもとに、支援戦闘機（攻撃機）として改造を加え、F－2として採用してしまいます。二重に性能が台無しになる改造をした上で、価格が大幅に高騰した機体を購入したことになります。戦闘機はF－4の次にF－15を採用しました。旧ソ連のベレンコ中尉が搭乗機M·i·G－25P(＊22)を函館空港に強行着陸させた、ミグ25事件(＊23)があったにもかかわらずです。この事件により、西側が恐れていたM·i·G－25はさほど高性能ではなく、F－15ほどの高性能は必要ないことが露呈していました。

現在、日本の航空自衛隊は中国の戦闘機による領空侵犯に悩まされ、戦闘機の数の不足が問題となっています。もしも、YF－16戦闘機を採用していれば、同じ予算で倍の数を揃えることができたでしょう。そのことを実証してきたYF－16戦闘機は、1970年代から前世紀末まで世界でもっとも実際に役に立つ戦闘

＊22　1964年頃、ソ連のミグ設計局が国土防衛軍向けに開発したマッハ3級の航空機。第3世代ジェット戦闘機に分類される。当時のハイテクを駆使した機体と見られていたが、実際には真空管など前時代的な電子部品が多く使用されていた他、チタン合金ではなくニッケル鋼を多く使用していたため、機体重量も非常に重いものになっていた

＊23　1976年9月6日、ソ連の現役将校ヴィクトル・ベレンコが迎撃戦闘機MiG－25の演習空域に向かう途中、アメリカへの亡命目的で隊を離脱し、函館空港に強行着陸した事件

図3　サーブ39グリペン

機でした。現在もなおその発展型が製造され、各国の空軍で運用されています。それを参考に開発されたものが、スウェーデンのサーブ39グリペン(*24)（図3）です。

グリペンは軽戦闘機のサイズでありながら、制空戦闘・対地攻撃・偵察などを過不足なくこなすマルチロール機（多目的戦闘機）として進化しました。維持費や訓練費用も含めて高いコストパフォーマンスを実現しているため、限られた予算で空軍を整備しなければならない国々で重宝されています。

2005年に改定された防衛大綱以降は、要撃機と支援戦闘機の区分がなく

*24　スウェーデンのサーブ社を中心として開発された多目的戦闘機（マルチロール機）。愛称は「グリペン（グリフォン）」。1996年に運用開始。第4.5世代ジェット戦闘機に分類。軽戦闘機のサイズでありながら、制空戦闘、対地戦闘、偵察などを過不足なくこなすマルチロール機

なったように、世界はマルチロール機の時代に入りました。1つの機体で何でもできれば、操縦手の養成も整備も容易になります。軍事において、技術の進化はコストパフォーマンスとつねにセットで考えられるべきものです。

2016年6月、領空侵犯対処のため離陸した航空自衛隊のF-15戦闘機が、領空侵犯をしてきた中国軍戦闘機に撃墜されそうになったことが問題になりました。その数ヵ月後のタイ空軍と中国空軍との空中戦演習では、タイ空軍のグリペン戦闘機隊は中国空軍に圧勝しています。このニュースの後、AAD2016(*25)にて私は、南アフリカ空軍が装備するグリペンを実際に見ました。わずか400mほどの滑走で離陸してしまう高性能に驚いたものです。

また、ザンビアなどのアフリカ諸国が中国軍の練習機を戦闘機として採用している事実も取材しました。航空自衛隊が147機購入する予定のF-35戦闘機(*26)は1機146億円、グリペンは1機60億円です。ライフサイクルコストも考慮すれば、同じ予算で3倍の数を揃えることができます。F-22戦闘機(*27)もF-35も前評判ほど高性能ではないことが露呈しています。アラスカの国際合同演習RED FLAGの模擬空中戦では、F-22がEF2000ユーロファイタータイ

＊25 アフリカ・エアロスペース・アンド・ディフェンス。毎年アフリカで行われる航空機、宇宙関連機器、防衛設備などの見本市

＊26 2000年代にアメリカ合衆国のロッキード・マーティン社が中心となって開発した多用途戦闘機。第5世代ジェット戦闘機に分類されるステルス機。通常着陸機のA型、単距離離陸垂直着陸機のB型、艦載機のC型がある。日本では、A型とB型合わせて147機の導入を予定しており、すでにA型40機が調達済みである

フーン[*28]に完敗しました。大型の機体は電波ステルス性が良くても熱映像で探知されやすく、EF2000の赤外線センサーは50km先からF−22の機影をとらえ、旋回能力を活かして戦ったためです。

F−22は決して最強ではなく、小型の練習機にすら負けることがあります。2008年のRAND研究所[*29]のレポートによると、1950年代から米軍が空中戦で撃墜した588機のうち、視界外から発射されたミサイルで撃墜できたものはわずか24機、高価な中長距離ミサイルも期待したほどの成果は発揮しておらず、やはり有視界の空中戦における操縦手の腕前が現在でも航空戦力の要です。

陸自新個人装備のF−15戦闘機化の懸念

私が戦闘機の話をここまでするのは、日本の航空防衛力に危機が迫っていることは当然ながら、M16小銃用弾薬のように致命的欠陥が露呈していながら装備してしまう問題は、陸上自衛隊の個人携行救急品の追加物品にて現実に繰り返され、陸上自衛隊員個人の小銃や装備には、F−15戦闘機同様の失敗が繰り返されようとしているからです。

＊27　ロッキード・マーティン社とボーイング社が共同開発したステルス戦闘機（多用途戦術戦闘機）。愛称は「ラプター」。第5世代戦闘機に分類される。2005年12月にアメリカ空軍での運用開始。ミサイルや爆弾の胴体内搭載などによるステルス特性やミリタリー推力での超音速巡航（スーパークルーズ）能力を特徴とする。そのステルス性の高さなどから世界最高クラスの戦闘能力を持つとされている

＊28　NATO加盟国のうちイギリス、ドイツ、イタリア、スペインの4ヵ国が共同開発したマルチロール機。2003年8月に運用開始。デルタ翼とコックピット前方にカナードを備え、カナードデルタと呼ばれる形式の機体構成を持つ

現実に、令和元年12月6日に防衛省から新小銃・新拳銃の決定について発表がありましたが、(＊30)新小銃として選定されたＨＯＷＡ５・56（豊和工業製）は最新の小銃の運用思想よりも一世代古いものです。私は新小銃の選考が開始された当時（平成24年）から反対していましたが、心配していたことが現実になってしまいました。このことについては後に詳述します。

Ｍ16とＦ−15の話は、防衛にまつわり必ずといっていいほど起きることです。私は富士学校普通科部研究課にて先進個人装備システムＡＣＩＥＳⅢ（Advanced Combat Information Equipment System）(＊31)と新個人装備、新小銃、新機関銃、第一線救護の研究をしていました。先進個人装備システムは運用実証型研究であり、この研究の成果を陸自新個人装備の研究に活用するというものでした。

先進個人装備でも先のＦ−15戦闘機の話のように、必要のない電子装置をたくさん盛り込んでしまうものですから、装備重量が30kgを超え、価格も１０００万円を超えるようになっていました。これでは数を揃えることができません。性能も価格に見合うほどではありません。戦闘力は人を基準としており、電子装備で人の能力を2倍3倍にはできないためです。

＊29　アメリカのシンクタンク。軍事戦略の研究機関という性格が色濃い

＊30　２０１９年12月6日の新小銃に関する防衛省の発表
→https://www.mod.go.jp/j/press/news/2019/12/06b.html

＊31　物理的な防護だけでなく、各隊員間でのさまざまな情報（映像、隊員データ、メール、敵の位置情報など）を共有、ネットワーク化することで安全かつ優位に戦うことを目的とした個人装備システム

YF‐16やグリペン戦闘機のように、目的を絞り、数を揃えられるものにしなければ実際には役に立ちません。技術的な高性能と戦場で役に立つ価値とは別物です。高価なハイテク先進個人装備よりも、優れた銃と防弾ベストとライフルマンラジオ(＊32)のような個人用通信機を全員に装備させた方が、遥かに陸上防衛力は強化されます。

AASAMの本当の話

AASAMがオーストラリア陸軍主催による「年次国際射撃競技会」と訳されて、その勝敗が取り沙汰されるようになって8年になります。しかし、本当は名前のとおり、オーストラリア国防軍の情報本部があるパッカパニャル訓練場でオーストラリア国防軍の予備役が主催する環太平洋諸国の陸軍戦力を掌握するための催しです。

毎年のAASAMで収集された情報は、会場のオーストラリア国防軍の情報本部で分析され、新小銃開発に資するものはヨーロッパなどの銃器メーカーに送られ、訓練の参考になるものは、パッカパニャル訓練場から数100㎞も離れた歩

＊32　歩兵用個人携帯無線機

兵訓練場に送られ、それらの成果は決して公表しません。米、英、仏などの先進国の軍隊が現役の第一線部隊を参加させないのは、情報を盗られるからです。同じ理由から韓国、中国は毎回のようには参加しません。ちなみに、中国はヨルダンSOFEX(＊33)に併設開催されるAnnual Warrior Competition(＊34)に毎年参加し、上位を取っています。

AASAMにロシアが参加しないのも同じ理由です。AASAMを射撃競技会ととらえ、その成績に一喜一憂している場合ではないのです。私も陸自が参加し始めた第3回目のAASAM2014に、衛生科幹部でありながら参加国の軽火器の調査・研究のため同行しました。そこには、選手団とは眼つきの違う、他国の銃器の写真ばかり撮る私と同じ任務を帯びた士官がたくさんいました。毎年優勝するインドネシアの軍隊としては、格好の防衛力と武器メーカー宣伝の場です。AASAMでの成果はアフリカでの防衛展AADなどで大々的に発表されるので、アフリカ諸国への売り込みに熱心です。

AASAMに参加している軍隊の銃を手に取ってみると、銃床を叩けば緩衝器が仕込まれていることがわかったり、引き金は競技銃並みに設定してあったりと、

＊33 Special Operations Forces Exhibition。ヨルダンで行われる特殊部隊向けの見本市

＊34 各国の特殊部隊や民間軍事会社のチームがさまざまな技術を競う競技会

命中率を高める改造が施されているものがありました。防衛とは、各国軍隊が備える戦力の優劣〝パワーバランス〟の上に成り立っています。戦力整備のための情報を効率良く収集したり、武器の宣伝をしたりとさまざまな思惑に満ちた催し、それがＡＡＳＡＭの実態なのです。

常備兵力わずか３万人程度のオーストラリア国防軍で広大なオセアニア地域を防衛するには、効率良く軍事力を整備する必要があります。そのための情報収集としてＡＡＳＡＭがあり、オーストラリアは自国では武器開発と製造をしません。歴史あるオーストリアの銃器メーカー Steyr Mannlicher（シュタイヤー・マンリヒャー）に委ねた方が優れた小銃ができ、武器開発に人員を割く必要もなくなります。

オーストラリアは早くから銃剣を捨て、ブルパップ式ライフル(＊35)を装備しました。防弾ベストの発達により、銃剣で刺すところがなくなったためです。米軍でも銃剣格闘訓練は廃止され、フランス軍では銃剣を武器庫から出すのは儀式のときだけです。今まで話したことは、自衛隊の小銃や銃弾について考察する上で踏まえておかなければならないことです。

＊35　弾倉や銃の機関部をグリップや引き金部分よりも後方に配置したライフル

KASOTC JAWC2019緊急レポート

新型コロナウイルス、SARS－CoV－2の感染拡大による新型肺炎COVID－19の大流行が世界的規模で進行しています。私は今年もヨルダンの首都アンマンにある特殊作戦センター（以下、KASOTC）にて毎年春に開催されるJAWC（国際特殊部隊戦技競技会）を取材する予定でした。しかし、現在JAWCに併設されて開催される特殊部隊防衛展SOFEXとともに延期となり、開催日は2020年3月23日現在でも未定です。今年のAASAMも開催されるか否か未定であるため、この本以外に世界の戦闘について比較した情報を伝えるものはないと思い、緊急レポートを書くことにしました。

日本は警察官と自衛官から選手を選抜し、KASOTCにて毎年春に開催されるJAWCに参加させ、世界の実力を早急に学ぶべきであると痛感しています。陸上自衛隊は毎年5月にオーストラリアで開催されるAASAMに出場し、その順位が報道されていますが、AASAMはオーストラリア軍が自国の防衛に影響を及ぼす軍隊の情報を収集する面が大きいものです。私は富士学校普通科部の研究員時代に、ＡＡＳＡＭ２０１４に他国の装備火器の調査員として選手団に同行しました。ＡＡＳＡＭ２０１４にて英軍、仏軍は太平洋の英領や仏領の駐留軍の一部予備役が、米軍は予備役が出場しているのを見て、予備役との射撃競技会での勝敗に一喜一憂している場合ではないと、世界の現状を思い知らされました。また、陸上自衛官が得意とする口径７・62㎜手動式の狙撃銃はほとんど使用されなくなっていて、世界が関心を持たなくなっている口径７・62㎜狙撃銃の射撃で上位を獲得しても、それは後追いの進歩に過ぎないことも知りました。私は２０１９年の４月13日から20日まで開催されたＪＡＷＣを取材した際に、世界は想像を遥かに超えて進化していることを痛感しました。

表「ＡＡＳＡＭとＪＡＷＣとの比較」にあるように、ＪＡＷＣはすべて現役かつ精鋭の隊員が戦技を競い合うものです。世界24ヵ国の軍隊や警察の特殊部隊から37チームとＡＡＳＡＭの倍の参加規模であり、中でも原油の輸入元であり日本の生命線である中東や、今後の日本が進出を計画しているアフリカ大陸のチームから情報を得られる面も大きいです。ＪＡＷＣへの取り組みに特に熱心なのは中国です。全11回開催されたＪＡＷＣのうち、２０１３年、２０１４年は中国の雪

名称	AASAM 2018	JAWC 2019
開催国	オーストラリア	ヨルダン
日本との軍事同盟 自衛隊の参加	あり	なし
主催	オーストラリア国防軍	KASOTC
出場国	環太平洋諸国17カ国 中東1国 (UAE)	ヨーロッパ7カ国、アジア3カ国 米国、中東8カ国、アフリカ5カ国
参加者	すべて軍隊 米英など一部は予備役	すべて現役の特殊部隊 軍隊・警察
使用武器	制式小銃・拳銃・分隊支援火器・ 軽機関銃・狙撃銃	小銃・拳銃・狙撃銃
貸与等	すべて自国から持ち込み	小銃・光学式照準器のみ持ち込み 拳銃・狙撃銃はレンタル
種目の特性	射撃中心	身体能力50%　射撃能力50%

出典：AASAM 2018 International Results　Puckapunyal Vic　27 April -10 May 2018
11th ANNUAL WARRIOR COMPETITION KASOTC

制作：照井資規　2019.5.1 無断転載を禁じる

豹突撃隊（中国人民武装警察北京市総隊第13支隊第3部隊）が、2017年は天剣突撃隊（中国人民武装警察の特殊部隊）が優勝しています。中国の優勝数が最多であるのは、JAWCの開催前にKASOTCにて実際の地形にて競技会の練習を1ヵ月かけて行うためです。ここに世界に類を見ないJAWCの特徴があります。

KASOTCは今、米軍でもっとも忙しい中央軍USCENTCOM（ユーセントコム）の主要演習場でもありますから、世界中の軍隊や警察が一堂に会して訓練を行うために、世界でもっとも新しい、戦争とテロ対策の現場の情報と技術が集まる場所となっています。米アフリカ軍（ＡＦＲＩＣＯＭ）をはじめ、イスラエルなど近隣諸国の訓練も行っています。ＫＡＳＯＴＣは訓練施設ですから、単に競技会に出場するのではなく、整った環境において世界最高レベルの訓練を受けて、ＪＡＷＣにて実証して本国に持ち帰る。中国特殊部隊はこうして実力を養っていったのです。２０１９年は中国の参加はありませんでしたが、欧米の優勝国は２０１０年米海兵隊Force Recon、２０１１年オーストリアCobra、２０１２年ドイツＧＳＧ９ですから、そのレベルの高さは推して知るべしです。

ＪＡＷＣ２０１９ではイスラム過激派によるテロ対策に迫られているブルネイが総合1位、３位でした。ブルネイはＡＡＳＡＭ２０１８にも出場していて、ＡＡＳＡＭ２０１８では10位とかなり成績は悪い方でした。

ヨーロッパではベラルーシ、アフリカではケニアが最上位、アメリカは年齢層が高く体力的に不利な様子でしたが、優れた光学式照準器により射撃面での得点を伸ばしていました。ＪＡＷＣ２０１９開催中に本国で大規模テロが発生したスリランカは光学式照準器を装備していなかったため、ほぼ最下位でした。

ヨルダンが中東諸国の中でも目立って治安が良いのは、特殊部隊の整備が進み、よく訓練されていることが大きく影響しています。テロを起こそうものなら手痛い反撃に遭うことが抑止効果として機能しているためです。また、ヨルダンでは外国人による双眼鏡など軍用の光学機器の持ち込みは厳しく制限されています。これはＪＡＷＣにて光学機器の効果を熟知してのテロ対策と思われます。

ＪＡＷＣはその名のとおり、人の能力面を重視した競技種目が設定されています。急峻な地形を走破しての射撃、暗い屋内での人質救出、塔をよじ登り、屋上で狙撃を行いロープで降下するなど、市街地戦の要素も含めた、警察と軍隊の両方に共通する競技内容になっています。しばしば、警察と軍隊は違うとの意見を耳にしますが、犯罪者が防弾ベストを着用していることが当たり前になった現在、警察は拳銃ではなく小銃を装備し、武装は強化されつつあります。また、軍隊でも交戦距離が３００ｍ以内であれば主役は小銃であり、警察と軍隊の戦い方は近似しつつあり、ＪＡＷＣはこうした趨勢をよく反映していると言えます。

ＪＡＷＣに参加する際、隠し持てる拳銃や遠方から撃てる狙撃銃はヨルダン国内でテロを起こされては困るので、参加国はこれらの火器を携行せずＫＡＳＯＴＣからレンタルする規定となっています。そのため、煩わしさがなく、隊員の身体一つで競技に参加する国もあるほどです。銃ではなく人の能力を中心に競うからこそ、参加しやすい環境が整えられています。JAWCが人の能力を重視しているのは、人の訓練には時間を要するためです。武器は必要になったときに購入すればよいものです。KASOTCには世界中の最新の武器が取り揃えてあり、ヨルダンの軍事産業は参加国への武器の売り込みにも熱心です。競技会に参加することで世界の実力を知り、自国に必要な武器についての情報を持ち帰る。そうした仕組みがJAWCには整えられています。

JAWCには、イスラム過激派によるテロの問題はイスラム圏の国で解決しようとするヨルダンの強い意志が感じられました。第一次世界大戦後、当時のオスマントルコ帝国の領地がフランス、イギリスに分割統治されてしまったことを繰り返さないためです。実際に2年に1度、ヨルダンで開催される特殊部隊防衛展SOFEXではテロ対策国際会議が開催されています。

KASOTCでは58種類もの訓練課程を提供していますが、そのうち7種類が戦場での医療に関するコースです。JAWCの開会式デモでは、傷病者を載せた担架を水平に降ろす高度なテクニックを披露していました。KASOTCが提供する戦闘医療教育は実戦的で、施設内にクリニックも備えていることに加え、アンマン市内での救急病院実習も受けられます。

ＫＡＳＯＴＣでの訓練は原則として、実弾と本物の爆薬を用いて行われます。銃創、爆傷などは、その原因となる銃や爆発物とは何かを知らなければ、その治療法を習得することは極めて難しいためです。また、自らの安全を確保する方法も、銃や爆発物に精通しなければ身につきません。例えば、壁を爆破して警察の特殊部隊が突入する場面では、盾を用いて爆破現場のすぐそばで待機し、爆破後ただちに突入できるようにします。盾の陰に一列に並ぶ後半３分の２が医師や看護師です。突入隊員が受傷後30秒以内に医療を提供し救命するには、医師や看護師にこうした行動ができることが求められます。軍に所属していない医療従事者が体験的に安全を確保する方法を学べるのは、世界でもＫＡＳＯＴＣしかありません。私は東京オリンピック・パラリンピックが始まる前に、日本の医師や看護師をＫＡＳＯＴＣに派遣して研修を受けさせてテロ対策医療の整備をするべく準備中です。

第2章

小銃弾の進化

有害獣駆除時に見た銃創のすごさ

二見　以前照井さんにお会いしたとき、自衛隊員としては珍しく、狩猟をやっていたとおっしゃっていたかと思います。その辺の話を聞かせて下さい。

照井　もともと、父親が北海道の原野を所有しており、そこによくシカが出てくるので、有害獣駆除のために始めました。陸上自衛官で普通科連隊に所属しておりましたので、冬の積雪寒冷地の機動にも慣れていましたし、当然鉄砲も上手だろうということで、狩猟免許を取得しました。そして実際に獣を銃で撃ってみて、人間の何倍も大きいエゾシカやヒグマが大変酷いケガ（銃創）を負うのを目の当たりにしたとき、これは誰かが銃創の処置について知って広める必要があると思いました。狩猟を始めたのと、普通科から医療職種である衛生科に変えようと思ったのは、ほぼ同じ時期です。

二見　私が連隊長のときに、照井さんは自衛隊幹部になっても引き続き普通科における戦闘の分野を切り開いていってもらいたいと強く願っていたのですが、そういうことがあったんですね。あの当時（2000年代前半）、自衛官には銃で撃たれたらどうなるかというイメージが、おそらくまったくなかったですよね。映画のように、撃たれても何とか治療すれば生きていられるっていう、漠然としたイメージで戦闘に臨もうとしていたんじゃないのかなって思います。でも、実際はそうじゃないんですよね。

照井　私は幹部になるときが、ちょうどイラク第12次派遣隊の訓練をしているときだったものですから、本当に戦死するかもしれないと、そうした危険について真剣に考える時期でした。しかし、当時の日本で一番充実しているはずのイラク派遣隊の訓練ですら、銃創への救急処置について満足のいく内容ではなかったのです。これは海外に行って情報を得て、何とかして日本において発展させなければいけないと思い、非常に難しいことでありましたが、まったく違う職種の幹部試験を受けることにしました。

二見　その時期くらいから、撃たれたときの写真などがインターネット上に結構出てきて、みんなが見られるようになってきたと思います。それを見た一部の隊員は、大変なことになると思っていたんですが、そういう危機感は自衛隊全体としてはなかった感じがしますね。

照井　〝戦闘が起きているところには行かない〟という根拠のない前提や、銃弾や砲弾の破片に当たったらどうせ死んでしまうという諦めですね。あとは防弾ベストを着ていればケガをしないとか、銃弾に当たったら身体に穴が空くだけとか、そうした無知や勘違い、思い込みや期待というものがずっと第一線における救命の分野の進化を妨げてきていたかと思います。

二見　そうですね。防弾ベストさえ着けていれば何とかなる、不死身のようなものだと思っていた隊員もいたと思いますね。しかし、防弾レベルがレベル3だと拳銃弾と砲弾の破片しか止まらないという事実をナガタ・イチローさん(＊36)から聞いたり、防弾板がないと貫通してしまい全然話にならなくて、レベル4じゃないとダメなんだということがわかってきたという記憶があります。

そして、イラクで撃たれた米兵の状態を見て、自衛官は撃たれたら助からないんじゃないのかなと感じました。隊員は、銃で撃たれ負傷した状態になることを、どう考えているか、これから戦闘外傷救護について真剣に取り組まなければならないと思いました。照井さんは、陸上自衛隊でまだ十分に確立されていない戦闘外傷救護の部分をやろうとしていたわけですよね。

＊36　アメリカ在住の写真家（鹿児島県出身）。ガン・インストラクターでもあり、第40普通科連隊の部外講師としてCQB（近接戦闘）やガン・ハンドリング（銃の扱い方）についての訓練を行った。詳細は『自衛隊最強の部隊へ―CQB・ガンハンドリング編』二見龍 著（誠文堂新光社刊）にて

照井 そうですね。確かに第一線で戦闘を行い、あまり衛生とは縁がない普通科という職種へ入隊して戦闘外傷救護をやろうと思いついたということは、自分の使命といいますか、自分がやるべきことではないかという風に感じました。私は対戦車特技の隊員だったので、一等陸士のとき、通訳として参加した日米共同訓練では米軍の対戦車小隊、小銃小隊、衛生小隊をよく見させていただきました。そのとき、陸上自衛隊との差の大きさに愕然としました。陸上作戦の骨幹である対戦車戦闘に精通するのは当然ながら、戦うことも負傷することも救命することも「1人の人間の身の上に起こること」です。戦いと救命の両方に詳しくなりたいとその頃から思っていました。

二見 有害獣駆除のときに目にした銃創が戦闘外傷救護の方向へ進むきっかけになったとのことなので、もう少し有害獣駆除についてお話を聞きたいと思います。ちょっと話を戻しますけども、クマを撃つときはどんなシチュエーションなのですか。

照井 クマは非常に警戒心の強い動物です。そのため、ベースライン(*37)といいますか、その自然の環境を乱すとまず獲ることはできないです。つまり、異質なもの

---

*37 その場にある平時の状態

がその生活のテリトリーの中にあるという存在を気取られてしまうと、もう獲れないんですね。だから、まずは自然のベースラインに溶け込むことが非常に大事です。これはエゾシカも共通なんですけれども、エゾシカとクマの違うところは、ヒグマの場合は確実に仕留めないと自分が死にかねないということですね。半矢（仕留めきれなかった状態）だと襲ってきますので。そのため、自衛隊で使用している7・62㎜ＮＡＴＯ弾の何倍も威力がある銃を持ったメンバーで、バックアップ態勢を確実にとった状態で仕留めます。

二見　そんなにヒグマがベースラインの乱れを感知する能力が高いとは知りませんでした。マタギの人というのは、ベースラインがわかっているのが当たり前で、それで自分の気配も消したりしながら狩りに行くという行動をとるのですか。

照井　現場の鳥を飛ばしてしまったら、ベースラインが完全に乱れてしまった状態なので、もうそのときその場所では狩りはできません。有害獣駆除のときに使う車はジムニーとか軽トラックが愛用されるんですけれども、２㎞手前から降ります。そこから静かに気配を消して近づいていきます。

二見　ネイティブアメリカンが狩りをするとき、20分くらいは現場で静かにしてベースラインに溶け込み、それからゆっくり動き始めるといわれていますが、同じような感じなんですか。

照井 はい、そうです。状況によっては、開けた車のドアすら閉めないこともあります。ドアを閉める音で気付かれてしまいますので、エンジンを止めて、やはり20分くらい静かにして、我々が遠ざかってしまったかのように偽装することもありました。

二見 頭がいいというか、仕留めにくい相手なんですね。

照井 そうですね。仕留めにくいということもあるんですけれども、仕留め損ねると襲われ、自分が死にかねないので、それが恐ろしいですね。ですから、確実に仕留めるということに加えて、相手よりも破壊力のある銃で撃たないといけないです。どちらかというと、対戦車戦闘によく似ていますね。

二見 もう少し説明していただけますか。

照井 確実に勝てるという破壊力を有する武器を持っていないときは、戦いを挑まないことです。それと、戦車に対して複数の対戦車火器を指向するところと、複数の銃で仕留めるというところが、対戦車戦闘が特技だった私としては、よく似ているると思いました。

二見　自衛官にはわかりやすい説明ですね。気配を消しているとき、音がして振り向くと立ち上がった状態のクマが立っていて頭を噛まれたりする話を聞きますが、狩りに行ってそのような怖い場面にあったことはあるんですか？

照井　私にはそういうことは一度もなかったんですけれど、振り向いたらクマがいて、頭を殴られて顔の皮を剥がされという方はおります。実際にそれがニュースで報道されたので、それを見た瞬間はちょっと背筋に冷たいものが走りました。

二見　パワーが桁外れですね。クマと比べるとシカはやはりベースラインが甘かったり、ぼんやりしていたりとか、何かクマとの違いはありますか。

照井　シカの警戒心もクマとほとんど同じですが、逃げるときも注意深く逃げるというところでは、クマよりも厄介ですね。そこで追い立てるときに、シカの通り道の何ヵ所かにエンジンをかけた車を置いておくと、そこには逃げないので、追い立てて仕留める分についてはある程度コントロールはしやすい部分がありました。あと、犬には決定的に弱いですね。犬に追いかけられてしまうと冷静さを失って逃げてしまうので、普段は広い開放した場所に出る前には1回林内に止

図4 89式小銃

まって周りを警戒したりするんですけど、もう所構わず飛び出てくるので、待ち構えて撃つ分にはすごく都合がいいです。

二見 とても興味深い話ですね。一度、40連隊(＊38)にクマとシカの肉を送っていただいたことがあるんですけれども、ご自身で解体もするんですか?

照井 解体は必ず自分でやります。

二見 獣の身体に弾が入って中で回転すると、どんな感じになっているのでしょうか?

照井 ライフル弾の場合は、身体の中で爆発が起きたようになります。飛翔方向に並行して回転して飛ぶライフル銃の弾丸が命中時に身体に及ぼす影響ですが、89式小銃(＊39)(図4)ですと17・6㎝でやっと弾が1回転するので、シカの

＊38 陸上自衛隊第4師団隷下の普通科連隊。福岡県北九州市の小倉駐屯地に駐屯する。著者の二見は、この40連隊の元連隊長である

＊39 豊和工業製の5・56㎜口径自動小銃。1989年より自衛隊の制式小銃に採用されている

身体の厚さはそんなにないものですから、せいぜい1回転するかしないかで弾が抜けちゃうんですね。ですので、よく言われる弾の縦方向の回転は身体の破壊に大きな影響はないんです。影響が大きいのは弾丸の飛翔速度がもたらす衝撃波です。その破壊力は、ライフル弾1発が人間の足や腕の骨の何倍も太いシカやクマの足の骨を爆発が起きたように縦に裂くように骨折させるほどです。これでは三角巾や止血帯では容易に血は止まらないなということは、自分で解体してみないと細かいところまではわからないですね。

二見　陸上自衛隊の訓練も三角巾を使ったり止血帯を1個持っていたり、骨が折れたときどうするかとか、そういう一般的な訓練はやっていたんですけども、撃たれた後の対応は、当時まったくやってなかったといっても過言ではない状態だと思います。

照井　私が入隊しました平成7年（1995年）頃というのは、まだ旧ソ連という脅威があったものですから、北海道は北部方面隊独自で日本赤十字社救急法と同じことをやっておりました。かなりレベルは高かったと思うのですが、現在、三角巾と棒では出血を止められないということが科学的にも実証されておりますので、やはり銃に撃たれるということを実際に目の当たりにしないと、第一線における救命に必要な救急品を持とうという意識にならなかったんだと思います。

弾丸の進化について知らなければならない

二見 自衛官は銃の特徴とか弾の特性をほとんど知らないと思うんですね。私自身も、照井さんに小倉（40連隊の駐屯地）まで来ていただいたときのブリーフィングや、ナガタ・イチローさんが来隊して、弾は着弾して花びら型に開くものもあれば、鉛だけのものもあるし、ホローポイント(*40)など、いろいろなものがあるという話を聞くまで、どんな弾にどのような破壊力があるかについて全然知りませんでした。さまざまな銃や弾に触れてきた照井さんに、本書でもその部分を話していただければと思います。

照井 銃は発射装置にすぎないのですから、やはり人の身体を破壊したり武器を破壊するものは他でもない弾頭ですので、弾頭はとにかく進歩が激しいです。弾を見れば現在の戦争がどういうものかがよくわかります。そのため、戦争の歴史だけでなく、これから将来の戦争はどうなるのかを研究する場合も、弾というも

*40 弾頭の先端に切れ込みや空洞（ホロー）のある弾丸。人体など柔らかいターゲットに大きなダメージを与えることができる

図5 7.62㎜弾の弾着時変形の進化

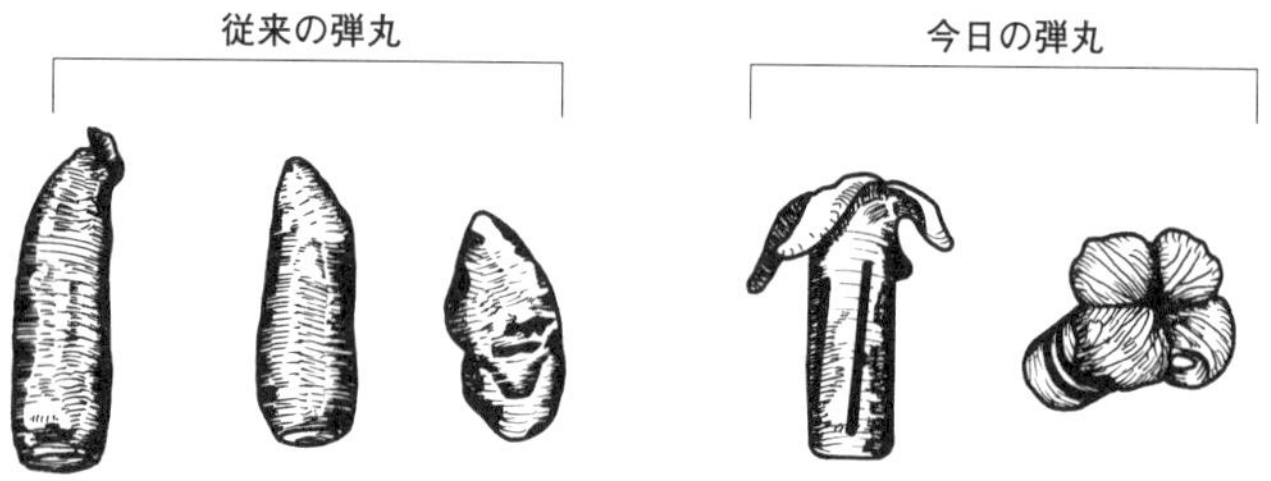

のが非常に重要になってくるのです。

EUROSATORY2018を見てきましたけれども、弾丸は2年で激しく進歩するものですから、自衛官としてはそれについてもっと詳しくあるべきだと思います。多くの自衛官の方が、訓練では紙やプラスチックの標的にただ穴を空けるだけなので、その本当の恐ろしさというのを知らないんです。そのため、物を撃ったり、狩猟などで動物を撃ったりする機会は、自分が持っているものの恐ろしさを知るということに繋がり、非常に重要だと思います。

二見 5・56㎜弾と7・62㎜弾(＊41)ではパンチ力の差や、当たった場合の特性の違いなどがあると思うんですが、その辺はどうですか？ 当たる破壊力もありますが、5・56㎜の方が使いやす

＊41 北大西洋条約機構（NATO）により標準化された小火器用弾丸。NATO加盟国の軍隊を中心に幅広く採用された

いかとか、7・62㎜の方がいいとか、いろんな議論があると思います。銃についてはいろいろ見られてきたと思いますので、その辺のお話をしていただけますか。

照井　前世紀までは、とにかくパワーというもので考えられていました。

二見　自衛隊でこういうサンプル（図5）を持っているところというのは、たぶんないですよね。

照井　ないです。でも、やはり実際に手に取ってみるということは非常に大事です。現在もっともよく使われている弾を海外の射撃場に行って拾い集めて、そして教えてもらう形で知っていくんですが、以前の弾頭というのは、当たっても形が歪む程度で、弾丸直径が大きく変わることはありませんでした。

　鉛の弾芯が飛び出てキノコのように膨らむ「マッシュルーミング」を起こすダムダム弾頭[＊42]の戦争における使用は、ダムダム弾の禁止に関するハーグ宣言によって禁じられています。やはり弾丸直径が大きいことはパンチ力があるともいえましたし、数多く撃てることそのものもまた〝パンチ力〟なんですね。ベトナム戦争時代の米軍の研究では、制式小銃の弾薬を5・56㎜弾に変更すれば、個々の兵士は7・62㎜弾の3倍の弾薬を携行できるようになり、分隊の破壊能力はM14ラ

＊42　19世紀に英領インドのダムダム地区の兵工廠で製造された弾丸。命中すると弾丸の芯に用いられた鉛がキノコ状に膨らみ（マッシュルーム現象）身体内で停止しやすくなり、弾丸の運動エネルギーをすべて伝達してしまうため、身体を著しく損傷させる。一命を取り留めたとしても鉛害により苦しむことになるため、戦争での使用は禁じられている。一方で獲物に無用の苦痛を与えることを最少にするため、また、環境問題により鉛の弾芯が禁止されるまでは、狩猟用弾丸としては推奨されていた

図6 着弾時の変形プロセス

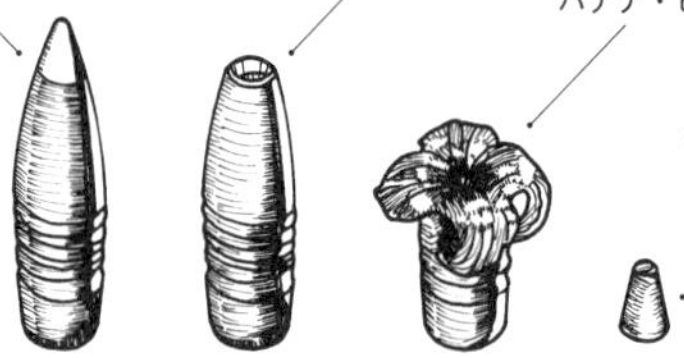
①飛翔時は空気抵抗が少なくなるように
プラスチック製のチップが付いている
②命中時にチップが外れる
③弾丸直径の3倍に達する
バナナ・ピール現象が起きる
④貫通体がさらに
侵入していく

イフル装備時の5倍に向上することが期待されました。短い時間でたくさん弾を撃ち出せる、それも考えようによってはパンチ力となります。

ところが、今世紀に入り、考え方が明らかに変わりました。弾丸はただ相手に当てるものだけではなく、まさに工業の最先端の技術が詰められたものです。最初に言いましたとおり、銃は発射装置にすぎないのであって、実際に物を破壊するのは弾なんです。その弾に技術を結集させるようになりました。つまり、5・56㎜ですと直径が小さすぎるので、命中してもせいぜい弾頭の尖端が弾頭直径ぐらい、軟鉄製の弾芯が露出しても10㎜に達する程度しか広がらないんです。技術的にこれ以上のものを仕込むことができないんですね。

つまり、弾丸直径と同じくらいでしか破壊力がないわけです。ところが現在のハイテク7・62㎜弾頭にしますと、飛んでいる最中はセンターにプラスチックのチップが付いた状態なんですが、命中しますとチップが外れます。チップが外れますとバナナ・ピール現象と言いまして、バナナの皮をむくように尖端が広がります。これで防弾プレートのセラミックを破壊します（図6）。

二見　これで防弾プレートが壊れるわけですね。

照井　はい。そのセラミックを破壊したところを、この中にありますペネトレーター（貫通体）が突き抜けることによって、ソフトアーマーを撃ち抜きます。これも直径3㎜ぐらいしかないのですが、例えば肝臓ですと弾丸直径の40倍の範囲を破壊しますので、3㎜の40倍と言いますと12㎝ですが、肝臓の半分以上が破壊されるわけです。ですので、こんな小さいものでもスピードが速ければ身体の中に入れば死んでしまうんですね。

二見　弾頭が着弾時に変形する利点は、他にもありますか？

照井　命中時に弾頭が広がる機能は、跳弾の防止にも大きく役立っています。つまり、硬いものに命中した際、弾頭の尖端が広がることで跳ね返る作用を減少させることができるためで、この効果の面でも7・62㎜弾の方が有利です。

また、弾頭の尖端が広がるということは、耐破片ヘルメットのような丸みを帯びた装甲、避弾経始(*43)を重視した斜面装甲に対する貫徹効果ももたらします。弾頭の尖端が広がることで、あたかも手の平がバスケットボールをとらえるように、丸みを帯びた鉄帽に対しても弾頭の喰いつきが良くなることから、今日の銃弾は耐破片ヘルメットにかなり浅い角度で命中しても、跳飛することなく内部へと侵入するようになりました。

貫徹効果についても、図7のようにそれぞれの弾頭を比較してみると、7・62㎜弾の弾芯は貫徹時に変形しない十分な太さを備えていることがわかります。5・56㎜弾では細すぎて容易に変形してしまい、貫徹に至りません。この細い弾芯の強度を高めるために、硬度の高い鋼材を用いる、焼入れをするなどを行えば、貫徹可能になるものの、銃弾1発当たりの単価が著しく高価になります。

二見　弾丸の進化と同時に、ボディアーマーも変わってきていると思います。ボディアーマーに対しての貫徹効果はどうでしょうか?

照井　最近では個人用複合装甲に対する、7・62㎜小銃弾頭の有効性が顕著に

*43　被弾する面を弾丸が飛翔する線に対し傾斜させることによって弾着を滑らす効果

図7 5.56㎜弾と7.62㎜弾丸機能比較

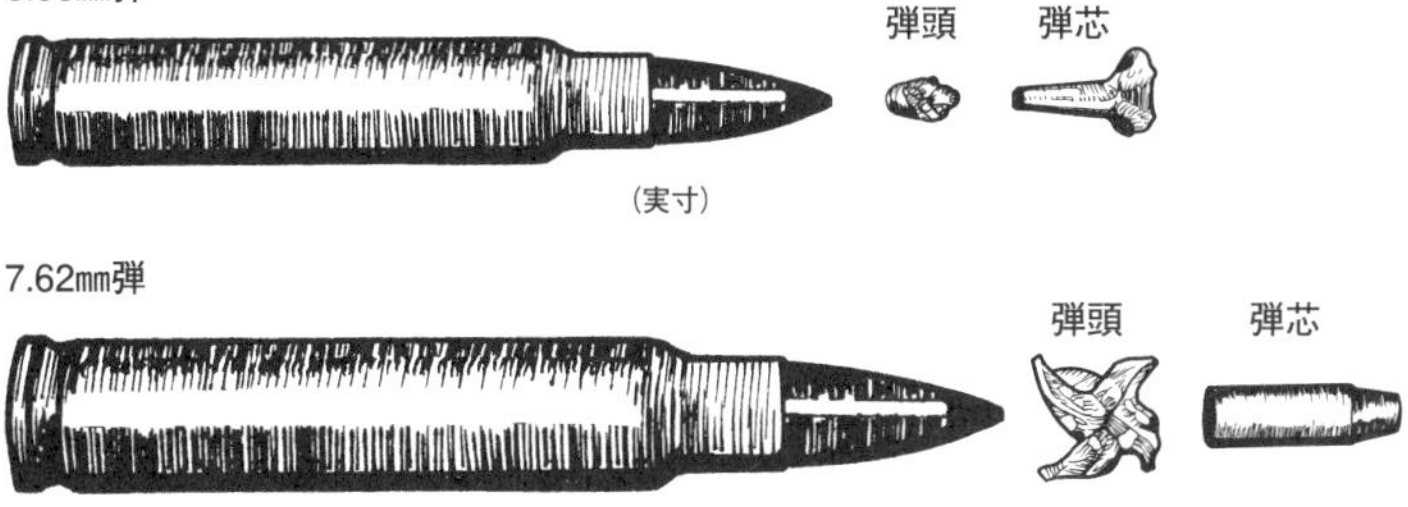

なっています。盾と矛の関係にある防弾素材と銃弾とで繰り広げられるシーソーゲームは、近年、防弾素材の進歩と銃弾の工作精度向上に伴い、半年単位で優劣が入れ替わるほどです。

銃弾に対する個人の身体保護は、極めて硬いセラミックスにより弾頭を潰し、引っ張り強度に優れ、衝撃伝播速度の速い芳香族ポリアミド繊維(＊44)などによってその衝撃を拡散させる複合装甲によるものが一般的で、従来の銃弾では命中した場合、「従来の弾丸の貫徹効果」の図（図8）のように弾頭が潰され、その貫徹力が奪われ、衝撃は芳香族ポリアミド繊維によって吸収されていました。また、弾芯も柔らかい鉛で作られていたために、この複合装甲により銃弾の貫通を十分に防ぐことができました。

＊44　3大合成繊維（ポリエステル、アクリル、ナイロン）の1つ。ナイロンと同じポリアミド（アミド結合によってできたポリマー）であるが、ナイロンの化学構造が脂肪族ポリアミドであるのに対し、芳香族ポリアミドであるため、ナイロンとは区別してアラミド繊維と呼ばれる。ナイロンよりも耐熱性が大幅に優れ、同じ直径の鋼鉄より3倍も引っ張り強度に優れる高強度繊維である

図8　従来の弾丸の貫徹効果

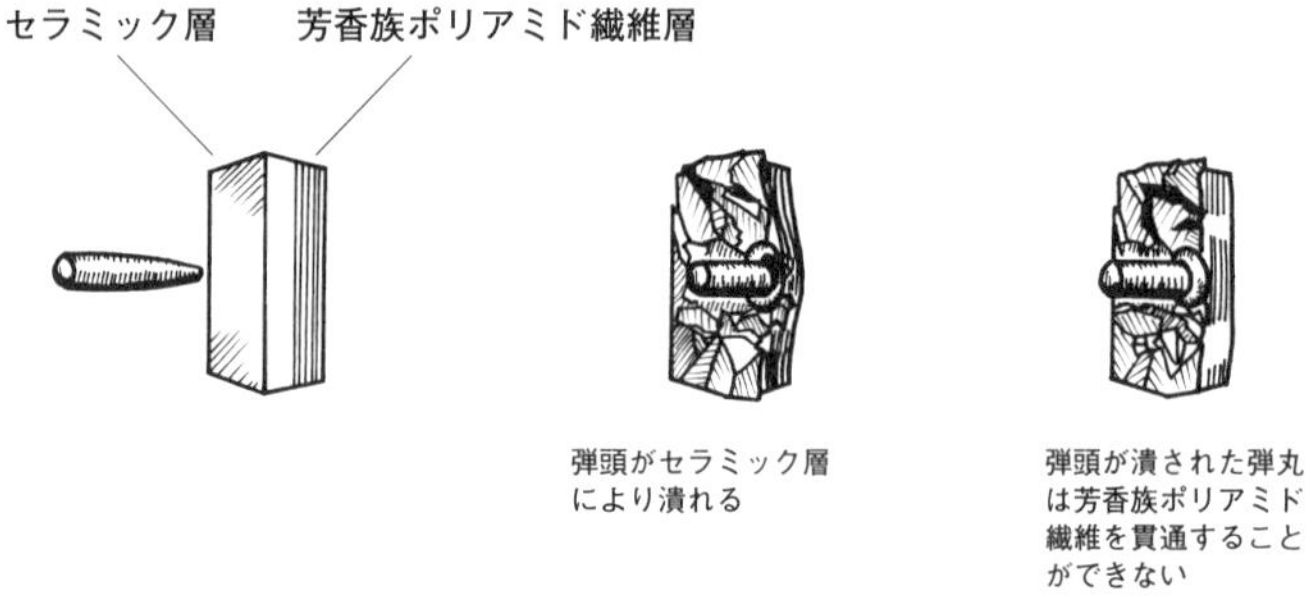

弾頭がセラミック層により潰れる
弾頭が潰された弾丸は芳香族ポリアミド繊維を貫通することができない

しかし、今日の銃弾は弾芯に硬い金属が用いられるようになり、プレス加工時に命中時に弾頭が十字に開くよう切り溝が切られるようになりました。この銃弾が個人用複合装甲に命中した場合、「今日の7・62㎜弾丸の貫徹効果」の図（図9）のように弾頭はセラミック層を破壊しつつ、芳香族ポリアミド繊維層に貼り付いていきます。続いて、硬い金属で作られた弾芯が芳香族ポリアミド繊維層を貫徹していきます。先ほど話しました「バナナ・ピール」とは、この弾頭をバナナの皮をむくような状態にする工作技術のことです。

二見　戦車の徹甲弾みたいな感じですね。

照井　そうですね。装弾筒付翼安定徹甲弾

図9 今日の7.62㎜弾丸の貫徹効果

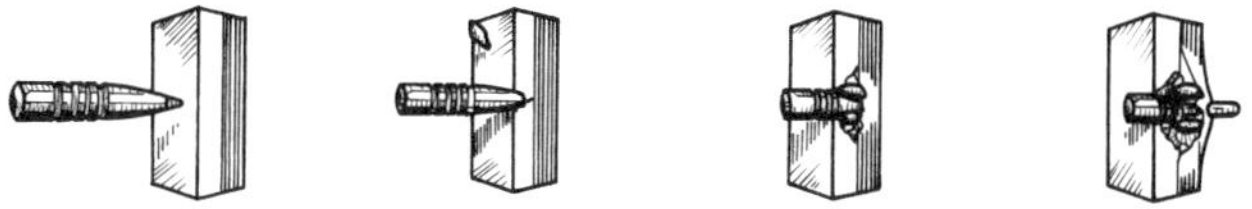
弾丸がセラミック層に命中する
弾頭先端が潰れ、セラミック層に喰いつく
切り溝に沿って弾頭が開く
弾芯が芳香族ポリアミド繊維層を貫徹する

(APFSDS:Armor-Piercing Fin-Stabilized Discarding Sabot)(*45)みたいなものですよね。やはり対機甲戦闘とよく似ているといいますか、それだけのお金を1発の弾に込めても7・62㎜というのは十分採算が合う。そうしますと、やはり1個小銃班に1挺は欲しいと思いますね。

二見 そうですね。あと海外では、市街地でも長い射程が必要なところも出てくると思うんですね。そうすると5・56㎜弾だとちょっと距離が出ないので、7・62㎜弾の活躍の場面が多くなってくるんでしょうか?

照井 はい。制式小銃の7・62㎜から5・56㎜への小口径化が「アサルトライフル」(*46)

---

*45 戦車の主砲で使用される装甲貫徹を目的とした砲弾

*46 射程300m以内での殺傷力と制圧火力を重視した自動小銃。弾薬が5・56㎜弾であるため小型軽量で数多く携行できる。現在の歩兵が持つ一般的な自動小銃となっている

で、この種の銃が普及してからは、交戦距離３００ｍ以内は殺傷力が遥かに強い弾丸が7・62㎜小銃時代の5倍も多く飛び交う「死の間合い」と化しました。誰も死の間合いには入りたくないので、距離をとって戦うことになり、7・62㎜小銃が再評価され「バトルライフル」(＊47)として戦場に登場するようになります。市街地の場合はやはりガラスがありますので、ガラスに対して5・56㎜弾は不安定なのではじかれやすいですが、7・62㎜弾は重く安定しているので、ガラスを撃ち抜いてもほとんど弾道に影響がありません。

　また防弾ガラスにつきましても、5・56㎜弾は弾丸直径の数倍、直径3㎝程度のヒビが入るだけですが、7・62㎜弾の場合、バナナ・ピール現象を起こした直径の数倍の範囲、直径10㎝までヒビが入ります。防弾ガラスというのは貫通させる必要は必ずしもありません。ヒビ割れをたくさん起こして外が見えなくなれば、防弾ガラスの意味はなくなるからです。たくさんヒビを入れて見えなくしてしまうという点でも、7・62㎜弾は非常に効果のある弾といえます。

二見　なるほど。今までの話をまとめますと、

＊47　7・62㎜のNATO常装弾（フルサイズ弾）を射撃する軍用自動銃を「バトルライフル」と呼ぶ。米軍ではM16小銃シリーズが、陸海空軍・海兵隊及び予備役の制式小銃（サービスライフル）に、M4カービン銃が「アサルトライフル」に、能力向上型M14マークスマンライフルが「バトルライフル」に相当する

○7・62㎜弾は命中時の侵徹効果向上や跳弾防止など、弾頭にさまざまな機能を盛り込むことが容易であるため、装甲技術の発達に対し対抗策を講じやすいメリットがある。

○5・56㎜弾では小さすぎてさまざまな機能を付与することが難しく、技術的には可能であるが著しく高価になるデメリットがある。

ということになります。それでは、この章の後半は、照井さんに7・62㎜弾の有用性と適正銃身長について語っていただこうと思います。

7・62㎜弾の有用性

まず、現在主流の弾頭の材質ですが、環境問題が大きく影響しており、鉛はまったく使いません。その代わりに、銅と鉄などで作られています。貫通体については硬い鋼です。鋼やタングステン鋼が使われており、弾頭のチップについては、ポリマーを被せる仕組みになっています。

自衛隊の弾はというと、まず硬い弾芯（硬い鉄）がありまして、弾芯の上に鋼の貫通体があります。そして、それを銅のジャケットで包んだ二重構造になっています。命中すると、先端の貫通させる鋼と弾芯の鉄の重量が違うため、身体の中に入ると弾丸が丸鋸のように縦に回転して運動エネルギーを命中した身体に伝える、非常に殺傷力が高い仕組みになっています。硬いものに当たった場合については、この中から貫通体が飛び出して貫通させます。柔らかいものに当たると、安定性を急激に失い縦に回転します。

もともと５・56㎜弾は、１９３９年の第二次世界大戦開戦から前世紀末までの戦闘の間合いである、交戦距離３００ｍ以内において７・62㎜のＮＡＴＯ弾よりも殺傷力を高めるために作られた弾丸なので、傷つけるだけで殺さなくするという話は、ベトナム戦争で本来の性能を発揮しなかったことを隠すためにマスメディアが流した都市伝説のようなものです。

つまり、３００ｍ以内では７・62㎜ ＮＡＴＯ弾より５・56㎜弾の方が大きな被害を与えられる弾ということです。弾丸の殺傷能力は、弾丸の大きさ、重さよりも、「安定」か「不安定」かの要素の方が人体の破壊にもたらす影響が大きいものです。小さくて軽い弾丸は不安定なため、空気中を安定して飛んでいたものが、異なる密度のもの、水とほぼ同じの密度の肉体に命中した際に急激に不安定になり、乱暴な、不規則な運動をするのです。弾丸が大きく重くなるほど安定性を増し、肉体に命中した後は運動エネルギーを保ったまま直進して突き抜けるようになります。速度の速い小さな弾丸の方が、大きな弾丸よりも遥かに人体の破壊が大きいことは、ヨーロッパにおいてベトナム戦争が始まる100年も前に発見されていました。

図10は、人体と同等の硬度をゼラチンで再現した〝バリスティックゼラチン〟を使用して、貫通試験を行ったものをイメージ化したものです。上が5・56㎜弾、下が7・62㎜弾です。弾丸が人体に命中した場合、図10のように弾丸直径の30〜40倍の範囲に衝撃波が伝わり、瞬間空洞を形成します。瞬間空洞は一瞬で縮まり、ゼラチンに裂け目や欠損が生じて変色している部分が瞬間空洞形成により破壊される部分です。

図10 瞬間空洞発生距離

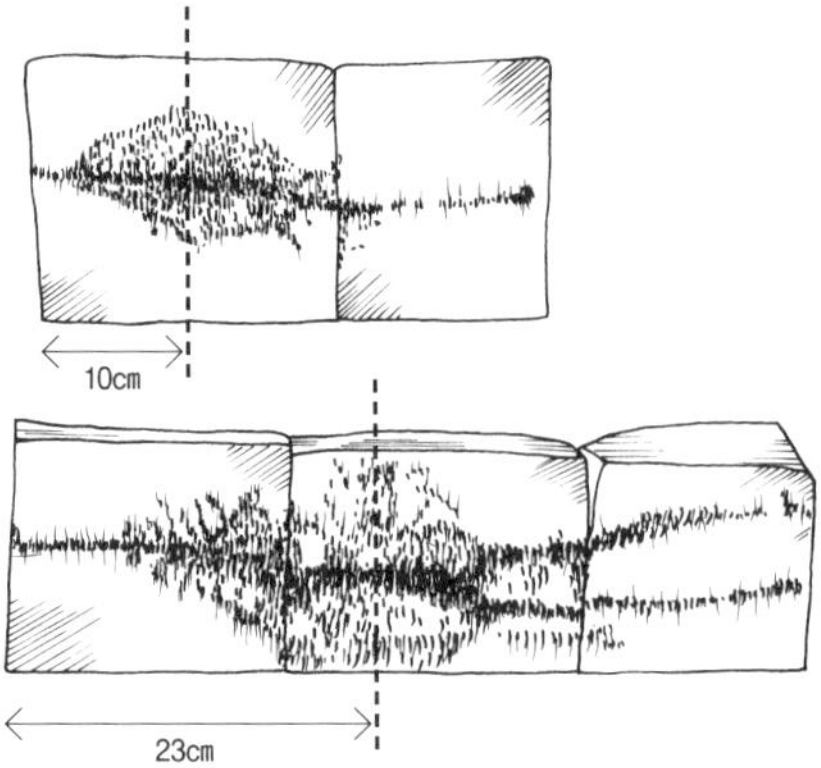

一方で、弾丸の通り道に沿って破壊される部分は管のように創が形成され、大きさや形に変化が少ないので、永久空洞（射創管）と呼びます。永久空洞の30～40倍もの大きさになる瞬間空洞は、ライフル弾のような秒速600m以上の高速弾によって生じます。9mm拳銃弾(*48)では秒速360mと遅いので、永久空洞しか生じません。

瞬間空洞は身体の中で爆発が起きたかのように深刻なダメージをもたらします（図11）。外観からの見た目と内部の破壊が一致しないのがライフル弾銃創の特徴です。

弾丸の破壊力が及ぶ範囲は、瞬間空洞

*48 主に拳銃やサブマシンガンで使用される小型の弾丸。ドイツ武器弾薬工業により開発され、1900年初めから生産が続いている

図11 永久空洞と瞬間空洞が人体へ与える影響

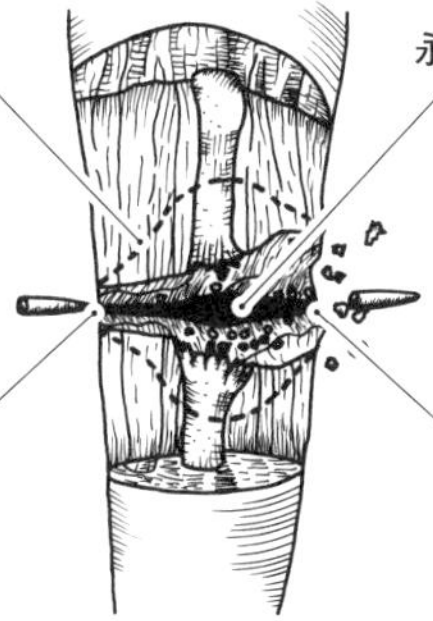

人体組織の破壊は弾丸直径の30〜40倍に及ぶようになった

の最大直径ですから、人体に侵入後、射入口からどの距離で瞬間空洞が最大となるかが、殺傷能力において重要なポイントです。図10の破線の部分が各弾頭の瞬間空洞が最大直径となる位置です。7・62㎜弾は身体に侵入した直後は安定性を維持しているので、弾着後約23㎝の位置で破壊力が最大になります。人体はそれほど厚くないので、正面から命中した場合、殺傷能力が最大になる前に突き抜けてしまいます。5・56㎜弾は人体に命中後ただちに不安定になるので、約10㎝の位置で破壊力が最大になるため、7・62㎜弾よりも遥かに殺傷力が強いです。

また、7・62㎜弾よりも小さく軽いた

図12　バナナ・ピール機能を持つ7.62mm弾の破壊力

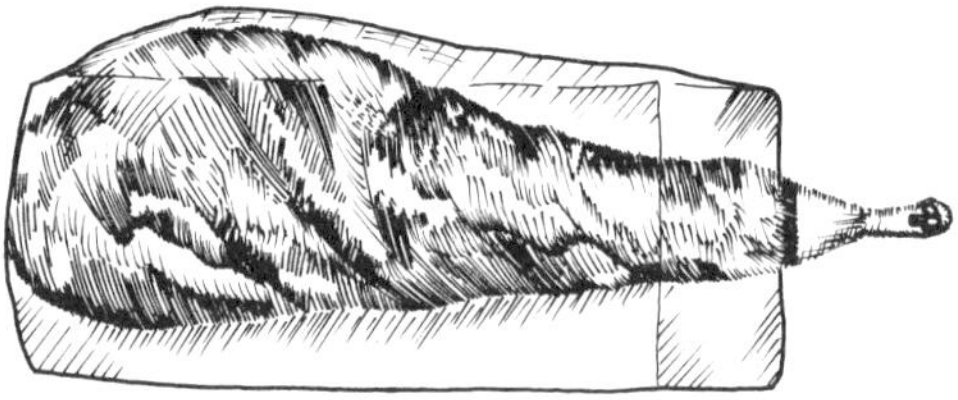

め、携行弾薬数が多いことも、小銃の連射により敵を制圧しようとする用兵思想に適合しています。ベトナム戦争が終わり、米軍の制式小銃はM16A2になり[＊49]、5・56㎜弾薬も本来の性能に近いものになりました。ヨーロッパ諸国も制式小銃を5・56㎜の小口径へ移行し、交戦距離300m以内は殺傷力が遥かに強い弾丸が7・62㎜小銃時代の5倍も多く飛び交う「死の間合い」と化します。

　しかし、これは前世紀までの話です。弾丸の工作精度が上がり、環境問題も手伝って鉛の弾芯が使用できなくなってからは、弾丸の尖端が大きく開くバナナ・ピール機能を持った7・62㎜弾の破壊力が5・56㎜

＊49　M16A1をもとに、5・56×45㎜ NATO弾の運用に対応して設計を修正したM16A1Eを、1983年にアメリカ軍でM16A2として制式化されたアサルトライフル。口径5・56㎜で、5・56×45㎜ NATO弾を使用

を遥かに凌駕します（図12）。また、交戦距離の300m以内の「死の間合い」には誰も入りたがらないようになり、交戦距離が400m、500mと伸びていくと、5・56㎜は運動エネルギーを失い、急激に殺傷力が弱くなります。そこへ、防弾ベストにみられる複合装甲技術が発達し、個人レベルでの防弾装備が普及すると、弾頭には防弾ベストを貫通した後、殺傷能力を発揮できる機能を盛り込むことが求められるようになり、7・62㎜弾が再び注目されるようになります。そこへ将兵の救急法教育の充実などコンバットメディックの進歩も重なり、今世紀からは7・62㎜弾の時代となるのです。

今までの話をまとめます。

○5・56㎜弾は1939年から前世紀末までの間、間合いが300m以内で個人レベルでの防弾装備が未発達の頃は殺傷能力が高い弾丸であったが、交戦距離が400m以上に伸び、個人レベルでの防弾装備が発達し、救急処置能力が向上した現代では、その利点は失われている。

「適正銃身長」とは何か

次に装薬[＊50]についてお話ししたいと思います。装薬はよく爆発という風に考えられているんですが、正しくは燃焼です。また、薬室の中だけで燃えていると思っている方がいますが、そうではなく、弾が銃身[＊51]の中を進み、銃口から飛び出る瞬間まで燃焼は続いているんです。そのため、銃身の長さと薬莢[＊52]の長さ、撃ち出す弾頭の重量などを計算して、量と配合を緻密に設定してあるのが装薬です。ですから、むしろ装薬が少ない方が、過剰に燃焼してしまって銃を破壊してしまったり、連射速度が異常に速くなったり、爆発を起こしたりすることもあります。

弾丸は、薬莢に装填された火薬が燃焼することで、発生するガスにより推進力を与えられて銃口から発射されます。この場合、薬莢内の火薬が薬室から銃口までの銃腔内全体で完全燃焼することで、最大の推進力と射撃精度が得られます（図13）。この弾薬と銃身の関係からわかるように、銃身長とは使用する弾薬をもとに設計されるもので、5・56㎜ NATO第2標準弾薬については、20インチ（50・8㎝）の銃身長で最大有効射程600ｍを確保できるよう設計されています。

＊50　弾頭を発射するための発射薬。いわゆる火薬のこと

＊51　薬室から銃口までの弾が通る円筒の部分

＊52　装薬を封入したケース

図13 適正な銃身長

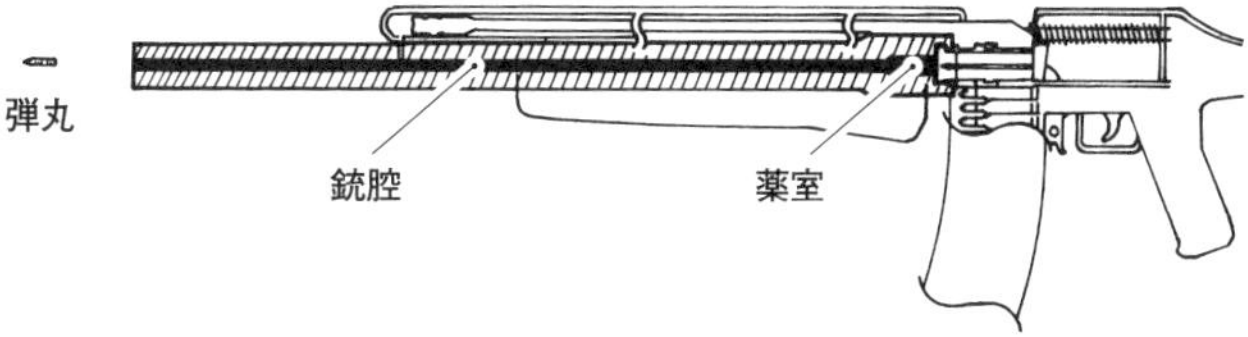

発射ガスは銃腔内で完全燃焼する

この銃身長が5・56㎜NATO第2標準弾薬の適正銃身長です。銃身長はこれより長くても短くても、使用弾薬本来の性能は発揮できません。

よく、「市街地戦での屋内や野戦の塹壕内のような狭い空間での戦闘時に、銃の取り回しを容易にするため銃身を短くしてほしい」という要望が聞かれます。銃の全長を短くするには、銃床側は照準、頰付けのためにある程度の長さが必要であることから、銃身側を切り詰めることになります。しかし、銃身を切り詰めて銃の全長を短くしてしまうと、小銃の射撃性能を著しく損ねてしまいます。

銃身を短く切り詰めた場合の弊害は、そ

図14 短すぎる銃身の弊害

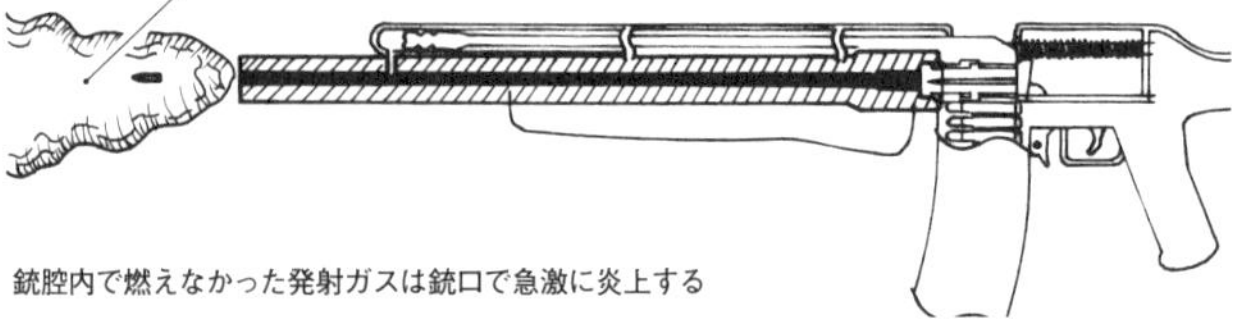

銃腔内で燃えなかった発射ガスは銃口で急激に炎上する

の長さの分、発射ガスが燃焼する空間が小さくなります。燃え残った発射ガスは、銃口から弾丸が飛び出た直後に銃口付近で炎上するため、「ファイアボール」と呼ばれる火の玉が銃口に発生するように見えます。この火の玉は銃身を短くすればするほど大きくなり、消炎器(*53)では消すことができないほど大きくなることもあります（図14）。

ベトナム戦争当時、米軍ではジャングル内での戦闘で銃の取り回しを良くするためにM16小銃の銃身を極端に切り詰めたことがありました。結果、20㎝銃身を切り詰めたために発生する巨大なファイアボールにより射手の目が眩んでしまい、照準ができなくなってしまうため、銃口炎を消すために、銃口に10㎝

*53 フラッシュサプレッサー。銃身の先端に装着し、発砲時の発火炎を抑制する装置。主に軍用の銃火器に装備される

以上ある長い消炎器を取り付けるという事態が起きました。消炎器とは銃口炎を消すものであり、腔線(＊54)が刻んであるわけではないので射撃精度を高める機能はありません。結局、結果20㎝銃身を短くしても全長は10㎝程度しか短くならなかったのですから、銃身長を10㎝維持した方が射撃精度を維持できたのではないかと思います。

というのも、銃身長を短くする場合、発射ガスと銃身長の関係よりも腔線と銃身長の関係の方がより顕著に命中精度に影響が表れます。繰り返しになりますが、5・56㎜ NATO第2標準弾薬については、20インチ（50・8㎝）の銃身長で発射薬が完全燃焼し最大有効射程600ｍを確保できるように設計されています。この銃身長で最大の命中精度を発揮するため、6条右転の腔線(＊55)が7インチ（17・8㎝）で弾丸が1回転するように、腔線転度（ライフリングツイスト）の傾角が設定されています。こうすることで、弾丸は薬室から銃口に至るまでに3回転するので、最大有効射程600ｍで最高の射撃精度を発揮することができます（図15）。

このように、銃身長を短くすれば当然、弾丸の飛翔も安定しなくなります。し

＊54　直進性を高めるため弾に旋回運動を加えるもので、銃身内に施された螺旋状の溝のこと。ライフリングとも呼ばれる

＊55　銃身内に施された螺旋状の溝を、弾丸が時計方向に回転するように6本並行に刻んだもの

かし、ベトナム戦争のジャングル内での間合いで、敵が防弾ベストを着用していないのであれば、弾丸は不安定なほど殺傷力が強いので、問題にはならなかったのでしょう。銃身長が不十分である場合、弾丸の弾道は安定せず、図16のように弾丸は飛翔中に首を振ってしまい、弾頭が目標に命中するのではなく、弾丸の横腹が目標に叩きつけられるように目標に命中します。これを横転弾と呼びますが、横転弾では人体の殺傷力は大きいですが、貫徹能力はほとんどなく、命中精度も極端に低下します。

では、5・56㎜ NATO第2標準弾薬における実用的なもっとも短い銃身長はどのくらいでしょうか？ 射撃実績から、14インチ（35・6㎝）程度であることが判明しています。これは、適正腔線転度が7インチで弾丸が1回転するためで、弾丸を2回転はさせないと実用的な性能は発揮できないことを表しています。これより短い場合は、先ほど話しました銃身が短すぎることによる弊害が生じます。

14インチより短い銃身でも、フルサイズの20インチ銃身同様の命中精度と威力発揮ができるような技術が将来開発される見込みはあるかとの質問をよく受けますが、その可能性は極めて低いと考えます。弾丸を火薬の発射ガスで押し出す銃

図15 適正腔線転度

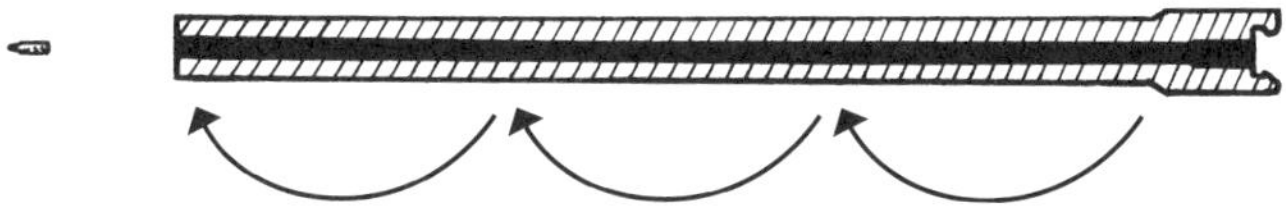

弾丸の弾道を最大に安定させるためには、弾丸が銃口から
放たれるまでに銃身内で3回転する必要がある

図16 弾丸の回転不足による弊害

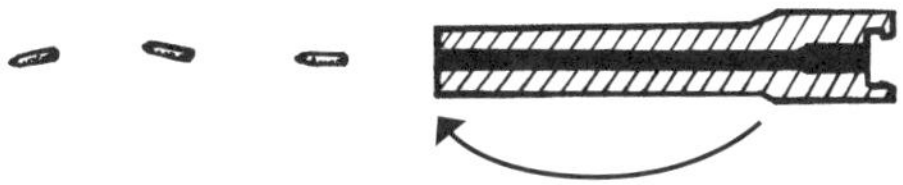

銃身長が不十分な場合には、弾丸に必要な回転が
与えられず、弾丸の弾道が安定しなくなる

の構造と、5・56㎜ NATO第2標準弾薬を使用する限り、弾丸が適正腔線転度により銃口から放たれるまでに2回転することは必須であるためです。

諸外国では、銃身を短くすることによる銃の操用性向上は失敗であったと認識し、現在ではブルパップ式にしたり、銃の全長は適正銃身長を維持したまま、照準器の改善と銃の操用方法の工夫により、銃の取り回しの不便さを補う傾向にあります。

逆に、銃身が長ければ長いほど銃の性能が良くなるわけでもありません。銃身の必要以上に長い部分は、その中を通過する弾丸に抵抗として作用する上に、銃全体も重くなり操用性が悪くなります（図17）。

小銃の性能は、銃弾の威力と精度の最大発揮を追及したいものですが、その反面、小銃が長く重いことは、敏速な戦闘行動時に支障を来すものでもあります。部隊の戦闘行動上の要望に応えるためには、銃身長には威力・精度と、操用性と相反する要求の折衷を図る必要があります。威力・精度と操用性とはトレードオフの関係にあるからです。

戦闘の間合いが400mを超えてきたこと、小銃弾の7・62㎜への口径の大型

図17 長すぎる銃身による弊害

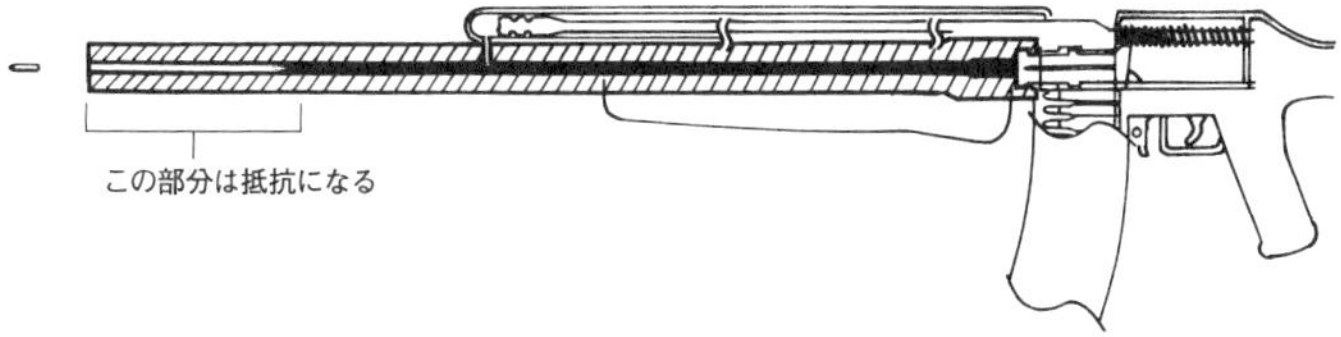

化、銃剣の廃止など小銃の変化は激しいです。
以上の話をまとめます。

○銃身の長さは使用弾薬をもとに、適正銃身長によって最大の射程と精度が得られるよう設計されている。

○銃身を短く切り詰めるほど銃口炎は大きくなり、照準困難になる。

○弾薬の性能を最大に発揮させるためには、適正銃身長と適正腔線転度の2つの条件を備えた銃で発射することが必須である。

○銃身を短く切り詰めすぎてしまうと、命中精度も貫徹力も極端に失ってしまう。

○5・56㎜高速NATO弾が機能発揮可能な最短の銃身長は14インチ（35・6㎝）であり、これより短い場合は銃としての機能が失われる。

○銃身が長ければ長いほど銃の性能が良くなるわけではない。

小銃のファミリー化について

「銃身を長くすればするほど、威力も強くなり射程も伸びる」、「銃身はいくらでも短くできる」といった考え方を多く耳にしますが、どちらも大変な間違いであり、銃身長の調節幅は意外と小さく、威力と射程を増したいのであれば、小銃の口径を大きくする必要があります。銃身長を短くできないのであれば、ブルパップ式にしたり、照準器と操法を改善する必要があります。そうした中で進められているのが小銃のファミリー化です。

ドイツ・ヘッケラー&コッホ社のＨＫ４１６、ＨＫ４１７[＊56]やベルギー・ＦＮハー

＊56　ドイツのヘッケラー＆コッホ社が開発した自動小銃。ＨＫ４１６は口径５・56㎜、ＨＫ４１７の口径は７・62㎜である。いずれも２０００年代に運用が開始された

スタル社のＳＣＡＲシリーズ(＊57)などは、構造が共通しているので特別な訓練を必要としません。Ｍ16シリーズがＡ４や騎兵銃Ｍ４(＊58)と改善を続けて米軍の制式小銃であり続けるのは、銃身を最大射程用20インチ、近接戦闘用に14インチ、減音器用に10インチと、それぞれをアッパーレシーバー(＊59)に搭載された光学式照準とセットでファミリー化できるためです。

銃身と光学式照準器は後方部隊で調整されてから前線に送られてくるので、射手はわずかな試射のみで、それぞれの長さの銃身を選択して任務につくことができます。ＳＣＡＲシリーズが成功しなかったのは、照準器とセットで銃身交換ができないためでした。

ところが、令和元年12月６日に防衛省が発表した、新小銃として選定されたＨＯＷＡ５・56（豊和工業製）はＳＣＡＲのコピーであり、これまで述べてきた最新の小銃の運用思想よりも一世代古いものです。私は新小銃の選考が開始された当時（平成24年）から、ＳＣＡＲシリーズと同じ失敗を繰り返してはならないとＨＯＷＡ５・56の選定に反対していました。世界が選択したものは、選定候補であったＨＫ４１６の方です。ＨＫ４１６シリーズであればアッパーレシー

＊57　ベルギーのＦＮハースタル社がアメリカの特殊作戦群向けに開発した自動小銃のシリーズ。口径や銃身長などさまざまなタイプがある

＊58　アメリカのコルト・ファイヤーアームズ社が製造し、アメリカ軍が採用しているアサルトカービン。Ｍ16Ａ２の銃身長を短縮し、銃床を伸縮式にした派生型である。口径は５・56㎜、使用弾薬は５・56×45㎜ＮＡＴＯ弾

＊59　銃の上部フレームで、照準し銃弾を発射する部分。照準器、薬室、銃身、それらを納めるフレーム構造物

バーに搭載された光学式照準とセットでファミリー化が可能であるためです。この新小銃選定の誤りは、陸上自衛隊の戦力整備に深刻な悪影響をもたらすことでしょう。

第3章

弾丸と小銃のトレンド

サプレッサーの必要性

照井　小銃用弾薬は新、旧が優劣を決定するのではなく、使用実績と蓄積された弾道諸元（データ）がその性能を決定づけます。７・62㎜弾は、その前身である.30－06スプリングフィールド弾(＊60)から、１９０３年以来１１０年以上の歴史があり膨大な実射諸元が蓄積されているので、１９６４年以来50年程度の使用実績である５・56㎜弾よりも有利です。たくさんデータが蓄積されると、今はコンピューターが発達し、ビッグデータを処理できるようになりましたから、そのデータを使い、さらに新しい設計に持ち込むことができます。あとは、何といってもキャパシティが違いますので、いろんな技術を盛り込むことができます。

それと歴史ということを考えた場合、７・62㎜は今世紀に入り、優位性というのが際立ってきております。一時期、５・56㎜弾に代わる新規格弾薬として６㎜弾、６・５㎜弾の研究もされましたが、弾薬の口径や規格を変えた場合、銃本体のみならず弾倉やそれらを携行する装備に至るまで変更する必要に迫られること、実射諸元の蓄積がないといった利点の少なさから、新規格弾薬は標準弾薬として

＊60　１９００年代初めにアメリカ陸軍が開発し、規格化が行われた弾薬。現在でも競技用実包として人気があり、主要メーカーでの製造が行われている

は採用されませんでした。

二見 先の章でファイアボールが出るというお話がありましたが、今陸上自衛隊ではサプレッサー(＊61)が全然使われていないですけれども、サプレッサーの有効性を教えていただけますか？

照井 サプレッサーというと、日本では狩猟に使用してはいけないですし、暗殺者など悪人が使うものとか、持ってはいけないものというような強烈なイメージがあるのではないかと思います。逆にドイツですと、夜間狩猟するときには、サプレッサーを付けることが義務付けられています。シカは夜行性なので夜間の方がよく獲れますが、発射音が騒音でうるさいからですね（日本では狩猟目的では日没から夜明けまでの間の発砲は禁止されている）。

このように、サプレッサーそのものの考え方が違います。サプレッサーというのは、抑制するものです。音だけではなくて光も抑制することができます。そこが現代の戦闘においては、非常に有用性が高まっております。つまり、発射した音を消せるということも非常に有効ではあるのですが、現在、弾丸の飛翔する衝撃波音を感知してどこから飛んできたかを探知する射撃位置探知装置というもの

＊61 銃口に取り付けて発射音を減音する装置

が、将兵全員の個人装備に付くような時代ですので、音を消すことにあまり有用性はありません。

ところが、光を消せるということは、非常に有効なんですね。つまり、光は非常に目立つものです。昔は暗視装置もそれほど発達していなかったので、正直、戦闘というのは昼に行っていましたし、昼に撃つ場合には銃口の発射炎の影響はほとんどなかったんですけれども、現在は暗視装置が発達して夜間戦闘を昼間以上にやるようになっておりますので、やはりファイアボールが見えるということは、たちどころに自分の位置がピンポイントでばれてしまいます。そこの影響の方が大きいですね。

二見　その他、サプレッサーの利点や銃身長との関係についても教えて下さい。

照井　サプレッサー内の空間で発射ガスが燃焼することにより、弾丸には若干の推進力も付与されますから、サプレッサーを装着したときの方が射程は伸びます。正確には、サプレッサーと専用の弾薬（亜音速弾）(＊62)をもとに銃身が設計されるので、極端に短い銃身の銃はサプレッサー装着時に最大射程と最大射撃精度を発揮する構造であるといえます（図18）。原理としては自動車がエンジンに適切なマフラー

＊62　飛翔速度が音速を超えて衝撃波音が生じないようにした減装薬弾

図18　減音器と銃身長の関係

燃え残った発射ガスは減音器内部減圧空間内で完全燃焼する

を装着しなければ排気音が小さくならず、エンジン本来の燃焼性能も発揮できないことと似ています。

腔線転度とサプレッサーの関係について説明しますと、サプレッサー専用の弾薬（亜音速弾）の発砲時に生じる発射ガス燃焼音はサプレッサー内の空間が弱め、発射薬を弾丸が音速を超えないよう減速させることにより、弾丸が飛翔する際の衝撃波音を生じさせないようにします。サプレッサー専用の弾薬（亜音速弾）は減装弾であるが故に射程が短く、飛翔速度も遅いために、銃口から放たれるまでに1回転半程度の弾丸の回転でも充分に弾道が安定します。

二見　弾の飛翔音がないということに、非常に脅威を感じます。敵にこのような武器を使用する者がいるという前提で行動する必要がありそうですね。

照井　10インチ（25・4㎝）銃身にサプレッサーを装着した小銃の全長は、14インチ銃身長の小銃の全長にほぼ一致させるように設計されますが、その理由は、減音器を装着することにより小銃の操用性が低下しないよう、銃身長を減音器の長さ分切り詰めて、兵士の小銃操用感覚に差異が生じないようにしているためと考えられます。敵が銃身の極端に短い小銃を手にしているときは、減音器使用を前提としており、その利点・欠点を意識して対処しなければなりません。射撃位置探知装置で探知できない、手強い敵と対峙しているということです。

〈サプレッサーの利点〉

○射撃位置・方向を偽騙もしくは秘匿できる
○耳を保護する装備が不要である
○屋内で射撃しても発射音が反響しないため、野戦同様に音声により部隊を指揮できる

〈サプレッサーの欠点〉

○有効射程が短い（亜音速弾を使用した場合のみ）
○連射ができない

日本の5・56㎜弾のレベル

二見　戦闘訓練でも、ファイアボールは煙とともに、射撃位置を発見する決め手になります。昼間でもファイアボールは目立ちますので、夜間はファイアボール自体が射撃目標になると思います。あと、弾道特性の中で、押さえておいた方がよい基本的な事柄はありますか？

照井　銃弾はつねに放物線を描きます。４００ｍ以内は人の頭の高さを超えないのですが、現在５・56㎜の弾ですら射程が７００ｍまで伸びております。そうしますと、ＡＡＳＡＭのような４５０ｍ以上の戦闘を前提とした射撃をする場合、銃弾は放物線を描いて飛ぶので、胸などの致命部位を狙って射撃しても頭を飛び越してしまうことがあります。重力により弾が落ちていくことを補正しすぎて、つまり射撃距離判定を誤って、銃口を上に向けすぎてしまう過ちを生じやすいのです。射撃距離400m以内では弾道は人の身長の高さを超えないので、足元を狙って撃てば身体のどこかには命中したものでした。交戦距離が400m以上ともなれば、戦い方が変わってきます。

二見　もう少し詳しく説明していただけますか？

照井　現在、1人の歩兵が持つ5・56㎜小銃でも、450m先の集弾率が20㎝四方くらいの板に全部入ります。自衛隊みたいに300m以内で射撃するよりも、より遠い間合いから撃って自分の安全を確保することが主流になりつつあります。400mを超えますとそもそも照星(*63)で目標が見えないので、最近では6倍の倍率を持つ光学式照準器が必須になっております。

あとは、頭を狙うと弾道特性から頭の上を飛び越してしまうものですから、最近は骨盤をよく狙うようになりました。今は1発撃つとすぐ自分の位置がばれてしまう時代ですので、頭とか胸を狙うと飛び越してしまうものですから、やはり1発で仕留めなければいけないとなると、骨盤あたりを狙っておけばその上胸から頭にかけて命中し、仕留めることができることから、現在は骨盤がよく狙われます。

---

*63　銃の照準器。銃口側の凸型のものを照星、後方の凹型のものを照門と呼ぶ

二見 骨盤が狙われるのですか。光学照準器の重要性はますます増していますね。450mという距離を5・56㎜で撃てるということは、ラプアという系統の弾になるということでしょうか？ 通常の弾では苦しいですよね。

照井 通常の弾丸ですね。

二見 そうなんですか！

照井 はい。通常の弾で撃つことができます。.338ラプア・マグナムですと、50口径の弾と7・62㎜の.30－03の弾の中間くらいの大きさの弾なんですけれども、非常に直進性が良いです。300mで弾道の差が2〜3㎝くらいしかありません。ですので、短期間に狙撃手を養成する分にはこれほど簡単な銃弾はないんです。要するにスコープの十字を標的に合わせて撃てば、狙ったところに当たるわけですから。教育時間が少なくていいということは、非常に大事です。

二見 なるほど。

照井 ですが、5・56㎜と7・62㎜はそうもいかないんです。ですので、照準器の方で計算して撃ちます。ところが、1人の歩兵にそこまで教育するのは大変労力がかかることですので、「とにかく骨盤を狙え」と。運良く当たれば、防弾べストで防護されていないところなので戦闘力を奪うことに非常に有効であると。万が一距離を間違えたとしても上半身のどこかには当たり、ある程度戦闘力を奪うことができるということで、教育の方をシンプルにしております。

二見 もう一度確認したいところがあるのですが、89式小銃の5・56㎜弾は300mを超えると破壊力が落ちると思うのですが、今他国では破壊力も落ちないような5・56㎜弾ができているという理解でよいのでしょうか？

照井 先ほど説明しましたとおり、銃弾の薬莢から銃身の先までの火薬を緻密に設定することによって現在700mまで射程を伸ばすことができております。それは海外では、競争相手があり、実際に銃を撃ち戦争で使われているメーカーがしのぎを削っているんですね。ですが、国産の銃がそこまでやっているかというと、狩猟で使われる弾ではないですから、日本の5・56㎜の弾は世界から見ると極めて進歩は遅れております。ベトナム戦争の領域から出てないのではないかという風に思います。

二見 よくわかりました。その他に重要な事柄などはありますか？

経済性の高い銃弾とは

照井　戦争は銃ではなく銃弾で決まりますから、銃弾の経済的な面を重視しなければなりません。小さな弾薬の方が材料費が安く済むことから、経済的であり数多く揃えることができると考えられがちですが、今日の弾薬とは精密な工業製品ですから、小さく作り込むには技術料が上乗せされるため、小さな弾薬を作ろうとするほど高価になります。技術料を安く済ませるためには大量生産することが効果的です。その面では、7・62㎜弾は狩猟用としても競技用としても広く使われる口径であり、軍のみならず民間にも大きな市場があり、これは日本国でも同様です。

国内で広く流通している弾薬であれば、戦争のための備蓄弾薬数を減らすことができますし、いざ戦争になり弾薬が払底状態に陥ってしまっても、民間市場の弾薬を掻き集めて戦い続けられる利点もあります。こうしたことから、諸外国では全軍に行き渡る制式小銃は国内共通の弾薬を使用し、フランジブル弾(＊64)やサプレッサー使用時の亜音速弾など、軍隊でのみ使用される特殊用途の弾薬の開発と

＊64　硬い構造物などに当たると砕ける特殊な銃弾。跳弾や貫徹弾などによる2次被害を抑える効果が高い

管理に集中するのがトレンドのようです。

日本国では銃刀法により、口径10㎜以上6㎜以下の小銃の所持が許可されていませんから、国内での小銃用弾薬共有を考えるのであれば、口径は7・62㎜に限られます。弾薬の単価を抑える有効な方法として、開発費を軍のみで負担しないという方策もあります。7・62㎜小銃弾頭は軍事、警察、射撃競技、狩猟の幅広い分野で汎用性が高いため、この面でも極めて有利です。

二見　海外のすでに開発済みの弾を採用することも考えられますか？

照井　7・62㎜小銃弾頭の種類は、5・56㎜小銃弾の10倍以上あり、7・62㎜小銃弾頭とは世界でもっとも多機能である上に、さまざまな新しい技術が盛り込まれた7・62㎜小銃用弾頭が毎年のように新製品として発売されていますから、軍はフランジブル弾などの特殊な弾頭以外は、独自に弾頭を開発する必要がなく、目的に応じた弾頭を選ぶのみで済みますから、開発費を抑えることができます。7・62㎜小銃弾は今ではCOTS品(＊65)であるといっても過言ではありません。7・62㎜弾はコストパフォーマンスにおいて、5・56㎜弾よりも大きく優れています。部外との共同で新機能の開発を進めることもでき、開発費も抑えられるばかりか、

＊65　Commercial off-the-shelf。日本語では「商用オフザシェルフ」と翻訳される。軍事においては、武器装備化において有用と思われる既製品のうち、販売やリースが可能となっているソフトウェア製品やハードウェア製品、または一般向けにライセンス提供されているものを採用することで、開発に要する費用と期間を削減することを意味する

有事増産体制、補給体制整備の上でも有利で日本国では特に顕著です。

使用する弾の種類

照井 使用する弾について本当のことを知っておかないと、陸上作戦の将来の100年を間違えることになります。5・56㎜弾について、交戦距離300mにおいて殺傷力が弱く負傷するだけの弾と認識していると、防弾ベストさえ着ておけば大丈夫だとか、コンバットメディックは要らないとか、致命的な勘違いをすることになります。すでに述べたように、実際の5・56㎜弾は7・62㎜弾よりも遥かに殺傷力が強く、64式小銃(＊66)の時代の5倍も飛び交うほど弾の密度が濃いのですから、交戦距離300mとは「死の間合い」であって、この認識の差は大変大きいです。

また、7・62㎜弾についてよく知らなければ、今陸上自衛隊が7・62㎜の機関銃を装備していないことがいかに防衛上深刻な問題であるかが認識できません。今の陸自は地上戦において極めて危険な状態にあります。5・56㎜弾と7・62㎜弾について、本当のことを知っておくことが極めて重要です。将来直面するであ

＊66 1964年に自衛隊で採用された豊和工業製小銃。現在、製造は終了している。口径7・62㎜

ろう敵が、どのような弾薬を用いてくるのかについて知り、それに備えるために陸自が装備すべき弾薬を考察することは、実際に銃火を交える小銃小隊、分隊など、近接戦闘を担う部隊における戦術を考える上でも重要です。しかもそれは先行的に研究を進めておくこと、技術的発展性、経済性などの面や、補給と教育についても考察の範囲に含めるべきものです。

二見　大事な話なので、もう少しお話ししていただけますか。

照井　それは次のような教訓が物語っています。弾の種類が増えたということで、先の戦争において日本は負けてしまいました。同じ失敗を繰り返してはいけません。日本陸軍は小銃、軽機関銃、重機関銃の3種類の火器に対し、4種類の弾薬を生産し補給しなければなりませんでした。

　このような事態に陥ったのは、列国の小銃・機関銃の威力と運用を正確に把握しておらず、いざ開戦して初めて自分たちの小銃・機関銃の威力不足を知ったために、後追いで弾薬と小銃・機関銃の開発を行わざるを得ず、弾薬の威力向上も小刻みに行ったため種類が増えてしまったのです。海軍との弾薬の互換性もなく、前線では弾薬の補給に終始悩まされる中、新型の小火器と弾薬で統一しようとしたときには、国力が追いつきませんでした。

すでに第1次世界大戦では小銃・機関銃が劇的に進化していたのですから、そのときの情報が日本で周知されていたのであれば、日本の終戦はもう少し有利に進められていたかもしれません。当時戦っていた米軍は、45口径の拳銃の弾、7・62㎜の小銃弾「.30－06」、50口径の重機関銃弾の3種類だけで戦争をしておりました。ですから補給はものすごく簡単でした。他にも歩兵将校や空挺部隊などは.30カービン（7・62×33㎜弾）を発射する騎兵銃、M1カービン（後にM2カービンへと進化する現在のM4カービンの源流）を使用していましたが、当時のカービン銃は米軍の標準的な歩兵装備ではないため、.30カービン弾はライフルグレネード（*67）を発射するための薬筒（発射用空砲）のような消費弾数の少ない特殊弾薬として補給システムに組み込まれていましたから、大量消費、大量補給について語るこの論からは除外します。

二見 例えば、師団の必要な物資の90％近くを占めるものが弾薬ですから、重要なところですね。米軍は燃料の種類もシンプルにできています。

照井 日本の場合は、7種類も8種類もあったので生産と補給が追いつかなかっ

＊67　銃口に装着して発射するライフルグレネード。陸上自衛隊ではダイキン工業が製造する06式小銃擲弾を装備する

たわけですね。あと、弾というのは弾道の特性というのがあります。それを兵士に教え込んで、戦闘力を発揮させるのに、弾の種類が違ったら、それを全部教えなければいけなくなります。何といっても簡明、シンプルが一番です。弾の種類というのは増やしてはいけないというのが、世界の軍隊では鉄則です。

そこでアメリカが1種類弾を増やしてきたということは、それだけ重要なんだと、何かの意味があるはずです。つまり、拳銃弾は9㎜に変わり弾倉容量を増やしました。5・56㎜、7・62㎜、そして50口径の弾、西側諸国の国はほとんどこの4種類で、あと40㎜グレネード弾ですね。40㎜グレネード弾はまだ開発途上であり、米軍でも単発式のM203(*68)の40×46㎜と自動式MK・19(*69)の40×53㎜は互換性がない別規格の弾薬を運用しています。直径こそ40㎜と大きいですが、9㎜拳銃弾と同じ程度の発射薬の燃焼により大きなグレネード弾を飛ばすのですから、単発式と自動式では自ずと構造が変わってきますので別物といえますが、世界の防衛展を取材してみますと、自動式の40㎜グレネードの規格に統合されつつあります。狙撃銃などの特殊な銃を除き、弾薬は統合化される傾向が顕著です。

二見 そうですね。

---

*68 主にM16アサルトライフルやM4カービンの銃身下に装着される40㎜擲弾発射器。ピストルグリップ、ストック、サイトを装着して単体でも使用可能。使用弾薬は40×46㎜擲弾

*69 アメリカのサコー・ディフェンス社が開発したベルト給弾式のオートマチック・グレネードランチャー。使用弾薬は40×53㎜擲弾

照井 だいたいこの5つが歩兵の持つ弾の種類としては定番です。いくつも種類を増やしたりしません。日本は世界では廃止されたスピゴット式小銃擲弾に、規格が違う40㎜グレネード弾2種類と、また同じ失敗を繰り返そうとしています。ただ、小銃小隊はむしろ拳銃の弾と5・56㎜弾だけで何とか済ませたいところに、わざわざ7・62㎜の小銃を少なくとも分隊に1挺装備し始めたということは、そこに何か意味があるはずです。

7・62㎜弾は5・56㎜弾よりも反動が大きく、1発当たりの弾薬としては大きく重いという欠点もあるのですが、近年進歩の著しい弾頭加工技術、光学式照準器、マズルブレーキ(＊70)の改良やダンパー(＊71)などの銃弾を発射する銃の技術の向上が、7・62㎜弾の欠点を補完しつつあります。ここからは、このことについて、詳しく話したいと思います。

5・56㎜弾の限界

SOFEX2018、EUROSATORY2018、AAD2018、いずれの主要防衛展でも、諸外国の銃器メーカーは、小銃などの製品を発表する場

＊70 銃口に装着する、弾丸発射時のガスを受け止めて銃を前方に引っ張る、ガスを上方に噴射して銃口の跳ね上がりを抑制する銃口制退器

＊71 銃床内部に設置して弾丸発射時の反動を和らげる緩衝器

合、1つのモデルで5・56㎜と7・62㎜の2種類の口径のラインナップを提示するようになりました。同時に、実射検証データをもとに、5・56㎜弾の改良型が7・62㎜弾と同等の性能を発揮するかのようなアピールもしています。

しかし、5・56㎜弾が7・62㎜弾とほぼ同等の性能を発揮できるのであれば、2種類の口径の銃を装備する必要はないはずです。また、米国及びNATO諸国は、ベトナム戦争以降制式小銃の小口径化を進める中でも、小銃小隊規模の戦闘単位から口径7・62㎜の火器を手放すことはしませんでした。最近は、フルサイズの7・62㎜弾を射撃する新カテゴリー銃「バトルライフル」を小銃分隊に装備化する傾向にあります。

中国を含む旧ソ連系火器を装備する国々は、一時期、小銃と分隊支援機関銃の弾薬を5・45㎜弾(*72)もしくは7・62㎜短縮弾(*73)で統一したものの、機関銃の弾薬は半自動狙撃銃と同一の7・62㎜フルサイズ弾(*74)を使用し続けました。旧東西陣営のどちらも、小銃小隊でのフルサイズ弾の運用をやめることはしませんでした。やめてしまったのは日本の自衛隊だけです。

これは、日本の陸上戦力にとって大変な危機です。このままでは隊員は敵の姿

---

*72　1970年代初めにソ連が開発した小口径高速弾(5・45×39㎜)

*73　口径が7・62㎜であってもAK47が使用する弾薬は薬莢を短くした減装弾(7・62×39㎜)である。ドラグノフ狙撃銃や機関銃は7・62NATO弾よりも強力な7・62×54㎜R(Rimmed)弾を射撃する

*74　7・62口径の短縮されていない弾丸(.30-06スプリングフィールド弾、7・62×54㎜R弾、7・62×51㎜ NATO弾など)

図19 NATO標準弾薬の比較図（実寸）

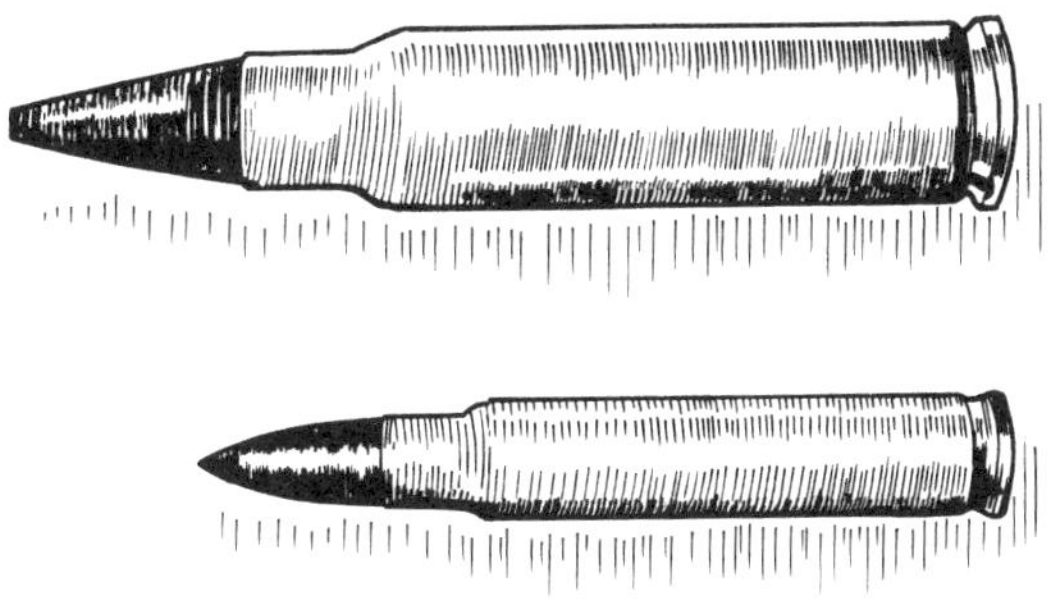

を見る前に全滅させられてしまう恐れがあります。この実相を知るためには、7・62㎜弾と5・56㎜弾の実力について理解を深める必要があります。公開されている海外での防弾素材に対する実射試験などから分析しますと、次のようになります。

NATO標準弾において、5・56㎜弾と7・62㎜弾では図19のように大きさが明らかに違います。5・56㎜弾と7・62㎜弾との性能差について考察する際は、必ずこの物理的な大きさの差に基づく必要があります。

5・56㎜弾でも、7・62㎜弾と同等の貫徹力が得られたという実験結果も公表されていますが、そのほとんどの実験に用いられる5・56㎜弾の弾芯はより硬い鋼鉄を用いたいわゆる「徹甲弾」[*75]で、それと7・62㎜の通常弾を比較したものです。同じ改良を施せば、口径が大きい7・62㎜弾の方が5・56㎜弾の性能を凌駕することは当然であり、5・56㎜高威力弾と7・62㎜徹甲弾を比較した場合は、5・56㎜弾の改良では遠く及ばないほど7・62㎜弾の優位性が明らかとなります。

また、銃弾の性能は貫徹力のみではなく、運動エネルギーの差こそが銃弾の性能の差です。弾丸が有する運動エネルギーを硬い弾芯で一点に絞れば「貫徹力」となり、命中時に弾頭が花びらのように開く仕組みにすれば、弾丸は目標物を貫徹せず、運動エネルギーは「衝撃力」に転換されます。防弾ガラスであれば、貫徹するよりも衝撃力で亀裂を多く入れた方が視認効果を減殺できるように、装甲や防弾チョッキを貫徹さえすれば性能の良い銃弾ということではありません。

銃弾の持つ運動エネルギーを目的に合わせて変換できるよう、運動エネルギーの大きさそのものを比較して検討する必要があり、それは「NATO標準弾薬運動エネルギー比較図」（図20）のようなグラフになります。グラフの実線が7・62㎜弾、破線が5・56㎜弾です。7・62㎜弾の運動エネルギーは射撃距離100m付近では5・56㎜弾の約2倍、1000m付近では約3倍大きいことがわかり

*75　装甲に穴を空けるために設計された弾の総称。弾体の硬度と質量を大きくして貫くタイプと、弾体を軽くして速度を高めて運動エネルギーで貫くタイプが存在する

図20　NATO標準弾薬運動エネルギー比較図

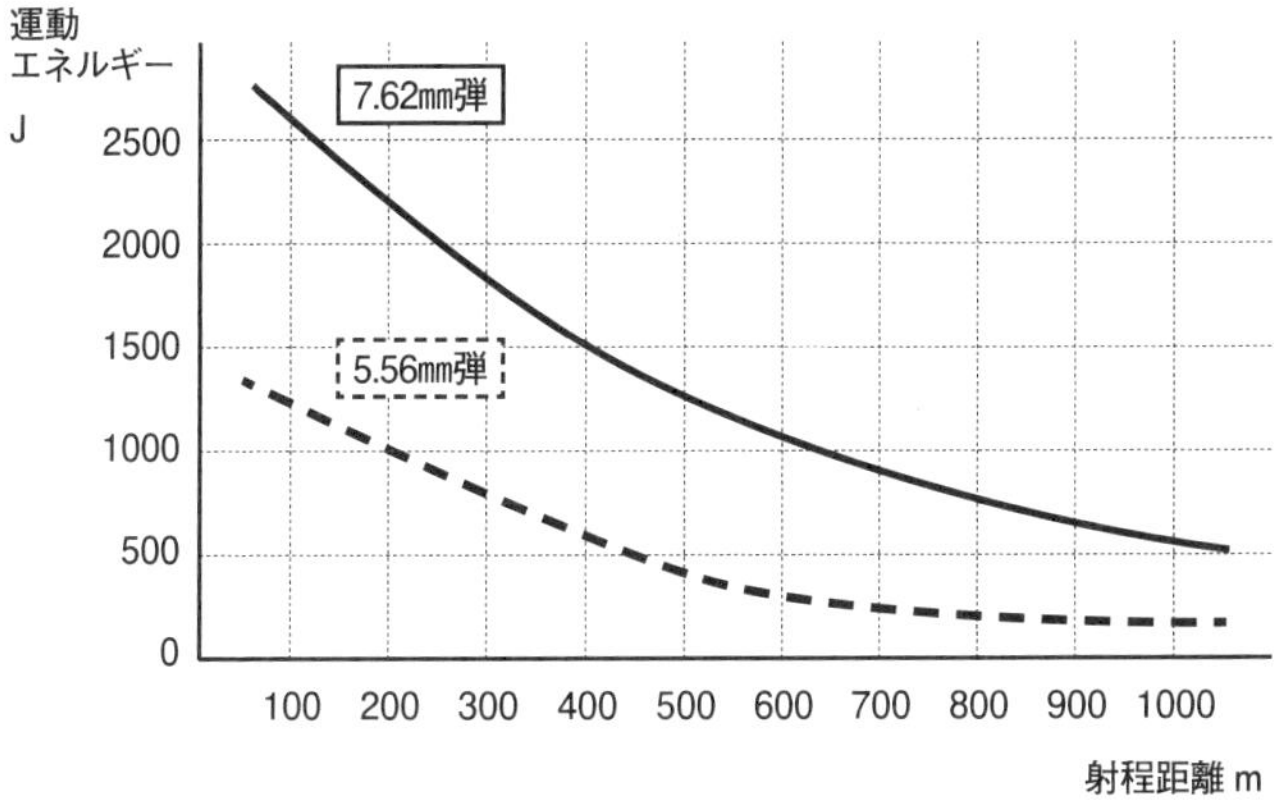

ます。

　弾丸の運動エネルギーと弾頭質量、弾丸の飛翔速度には、ニュートン力学において、物体の運動エネルギーは物体の質量と速さの2乗に比例するという関係があります。速度vで飛行する質量mの銃弾の運動エネルギーKは、$K = mv2/2$となります。グラフ上の弾頭重量は、7・62㎜弾が9・3g、5・56㎜弾が4・0gです。上記関係式から、5・56㎜弾の運動エネルギーを7・62㎜弾と同等にまで高めるためには、次の2つの方法が考えられます。

○弾頭重量を7・62㎜弾（9・3g）

と同等にする。
○弾速を１２００m/sで速くする。

まず、５・56㎜弾の弾頭重量（４・０g）を重くする方法ですが、同じ材質を使用して９・３gまで重くするには、図21のように弾頭の長さを約2倍に延長することになります。弾頭の長さを必要以上に長くしてしまうと銃腔との摩擦が大きくなり、機能が発揮できなくなるため、弾頭延長による重量増加は可能であるにせよ１．５倍程度が限界と思われます。

次の方法として、弾速を上げることで運動エネルギーを７・62㎜弾に近づけることが考えられます。図20のグラフ上の７・62㎜弾の銃口初速は８４８m/s、５・56㎜弾の銃口初速は９４０m/sです。弾頭重量を弾速で補うためには５・56㎜弾の弾速を１２００m/sまで高める必要があります。しかし、発射薬を納めるカートリッジにも口径サイズの制約があることと、発射薬の爆発力を高めた場合、銃がその高圧に耐えられなくなるので、１０００m/s程度まで速くすることが限界となります。

図21 弾頭を長くすることによる弊害

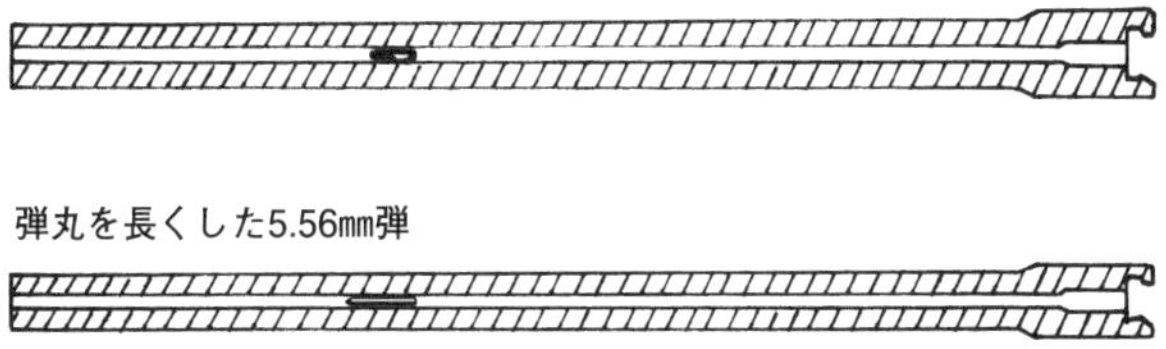

弾丸の長さが必要以上に長い場合、銃腔との摩擦が大きくなり、機能発揮できない

5・56㎜ＮＡＴＯ第2標準弾薬は「5・56㎜高速ＮＡＴＯ弾」とも呼ばれるように、5・56㎜弾は弾速を速くすることで、7・62㎜弾に近い性能を発揮することを目指したものですが、それは交戦距離300ｍ以内に近距離に限定したもので、いかなる工夫を凝らしても5・56㎜弾に7・62㎜弾と同等の性能を発揮させることは不可能です。5・56㎜弾と7・62㎜弾では運動エネルギーにおいて絶対的な差があり、性能が同等になることはあり得ません。5・56㎜弾に施された改良を7・62㎜弾に応用したならば、5・56㎜弾の何倍も性能を向上させられる基礎能力がある、伸びしろが比べものにならないほど大きいということです。

運動エネルギー転換面での比較

銃は弾丸を発射する発射装置であって、破壊力をもたらすものは弾頭です。現代戦では弾頭にさまざまな工夫を凝らし、目的に合わせて運動エネルギーを変換し効率的に目標を破壊することで戦います。それには、貫徹効果、衝撃効果、焼夷効果の3種類に分類される効果があり、その中で5・56㎜弾と7・62㎜弾の有効性について比較すると次のようになります。

【貫徹効果】

硬い弾芯を用いて運動エネルギーを貫徹力に転換するものです。貫徹に耐えうる十分な太さを弾芯に与えられる点で、7・62㎜弾が有利です。現代戦では車両の装甲化が進み、個人用複合装甲も発達しているため、貫徹能力が高いことは重要な要素です。

【衝撃効果】

先に話した「バナナ・ピール機能」のような命中時に弾頭が開く構造により、運動エネルギーを衝撃力に転換するものです。人体のどの部位に命中しても効果が大きいため、対人戦闘に有利です。口径の比較において、7・62㎜弾は加工を弾頭に施すことが容易に行えます。命中時に弾頭が開く構造は鉛の弾芯を露出させるものではないため、「ダムダム弾の禁止に関するハーグ宣言（1899年7月）」には抵触しません。

【焼夷効果】

焼夷剤を含んだ弾頭により命中時に対象物を炎上させるものです。口径による比較をすると、7・62㎜弾は5・56㎜弾よりも焼夷剤を充填する容量が多いため有利です。弾丸が有する運動エネルギーをさまざまな形態に変換し戦うことが現代戦の特徴です。

これらの動向から、銃弾が持つ3つの効果のいずれも、変換元の運動エネルギーが数倍大きく、機能を盛り込むための容量も大きい7・62㎜弾の有利性が際立っていることがわかります。

運動エネルギーと貫徹能力の相関

【貫徹効果考察の前提】

弾丸の貫徹効果の特性として、弾丸は防弾プレートのような硬い目標物に対しては弾丸の回転が安定したところで貫徹能力が最大となるため、図22のように銃口からある程度の飛翔距離を必要とします。近ければ近いほど貫徹力が高いということではありません。

防弾ベストの防弾能力をランク付けする規格として知られるNIJ規格では、防弾レベルⅢにて7・62㎜弾を阻止できるとありますが、それは弾丸の回転が不安定な射撃距離15mでの阻止能力です。NIJ（National Institute of Justice）とは米国立司法省研究所が制定した規格であり、至近距離の射撃から警察官を護るための基準です。戦争における防弾性能については、軍隊独自の基準（米軍であればミルスペックに相当）をもって評価する必要があります。

図22 5.56㎜ NATO 弾の運動エネルギーと貫徹力の相関図

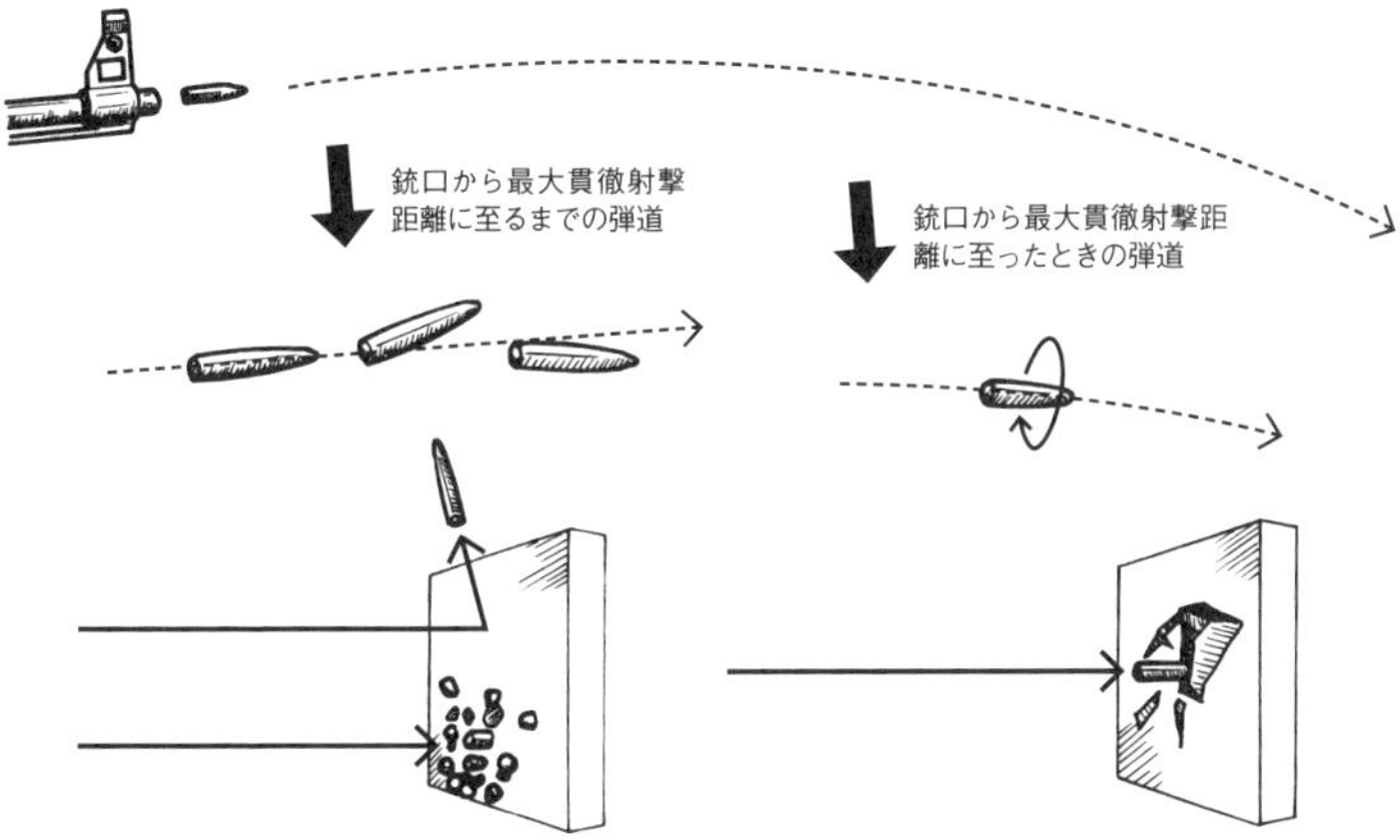

弾丸が首を振っており、硬い物質に命中した際に跳弾となりやすい。飛翔速度が速すぎるため、先端が貫通する前に砕けてしまう

弾丸に与えられた回転が安定し、速度も適切であるため、先端が表面に垂直に浸透していく

【貫徹効果の比較】

ＮＡＴＯ標準弾薬運動エネルギーの比較のグラフに、５・56㎜弾と７・62㎜弾それぞれの貫徹能力を重ね合わせてみると、図23、24のようになります。貫徹能力については日安であって、弾薬や防弾材の素材によって実際は大きく異なります。７・62㎜弾は最大貫徹射距離より近い距離で防弾プレートに命中した場合、貫徹することはできなくとも運動エネルギーが大きいため、戦闘能力を奪うために十分な衝撃力を与えることができます。

ソフトアーマーに対する貫徹可能距離は、運動エネルギーに比例し、射撃距離が近ければ近いほど貫徹能力が高くなります。それぞれのグラフを比較してみると、７・62㎜弾が８００ｍ以内の交戦距離全般で強力な殺傷能力を有している一方で、５・56㎜弾は殺傷能力が３００ｍ以内に限定されていることがわかります。

これまでの話をまとめます。

○７・62㎜弾は戦場で至近距離から８００ｍまでオールマイティに威力を発揮す

図23 7.62㎜ NATO弾の運動エネルギーと貫徹力の相関図

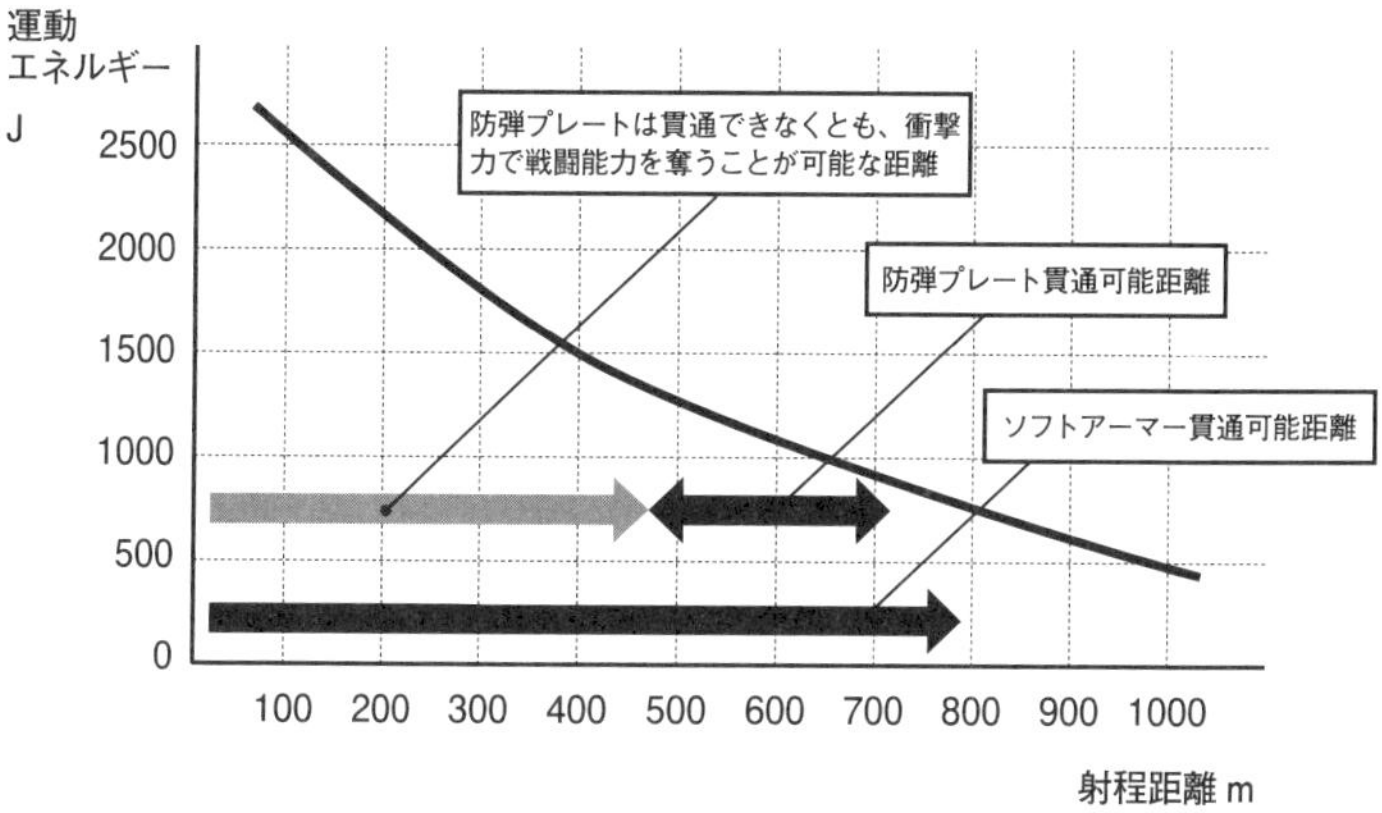

図24 5.56㎜ NATO 弾の運動エネルギーと貫徹力の相関図

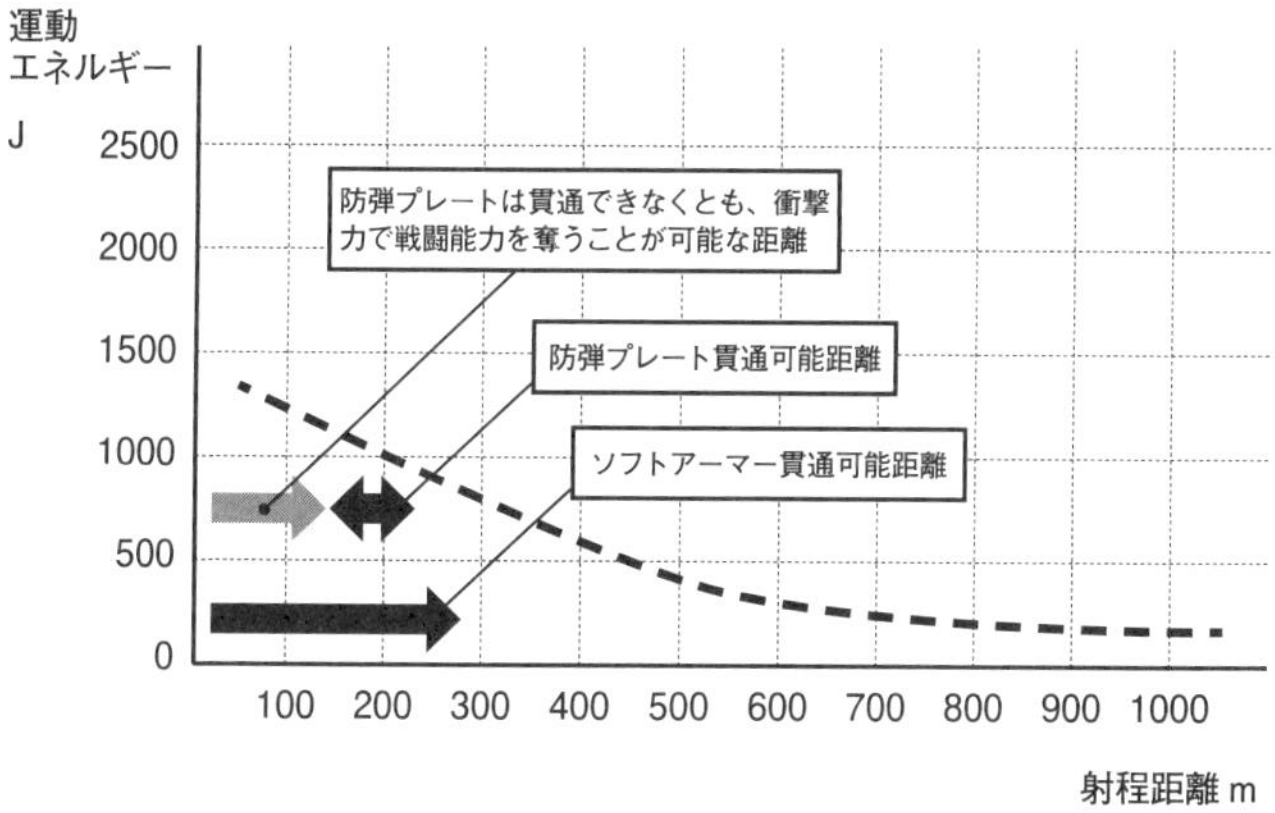

る汎用弾薬である。

○5・56㎜弾は近距離での戦闘用に特化した専用弾薬である。

防弾素材に対する実射比較

図25、26は、米国にて米軍放出品のM1ボディアーマーに内装されていた芳香族ポリアミド繊維を編み上げたソフトアーマー素材に対し、射撃距離300mにて5・56㎜弾と7・62㎜弾を実射したものを図化したものです。(*76)芳香族ポリアミド繊維は、同じ直径の鋼鉄の5倍の引っ張り強度に優れ、衝撃伝播速度が速い特性によって弾着時の衝撃を拡散し、弾丸の貫徹を阻止するものですが、7・62㎜弾の運動エネルギーはその防弾能力を凌駕していることがわかります。

自衛隊を退職後、厚さ約1㎝の炭素鋼板の耐弾試験を取材したことがあります。射撃距離300mにて5・56㎜弾（鋼鉄製弾芯）と7・62㎜弾（鉛弾芯）を実射した試験ですが、7・62㎜弾は鉛製の弾芯が潰れた状態でも炭素鋼板を貫通してしまいました。運動エネルギーが大きいため、弾丸直径の数倍に及ぶ直径3㎝ほ

＊76　主に砲弾や爆弾の破片から人員を防護するために装備された耐破片ベスト。PASGT（Personnel Armor System Ground Troops）地上部隊個人防護システムの一環である。米軍で1982年に採用され、2001年頃まで使用されていた

図25 5.56㎜ 弾のソフトアーマーに対する貫徹能力

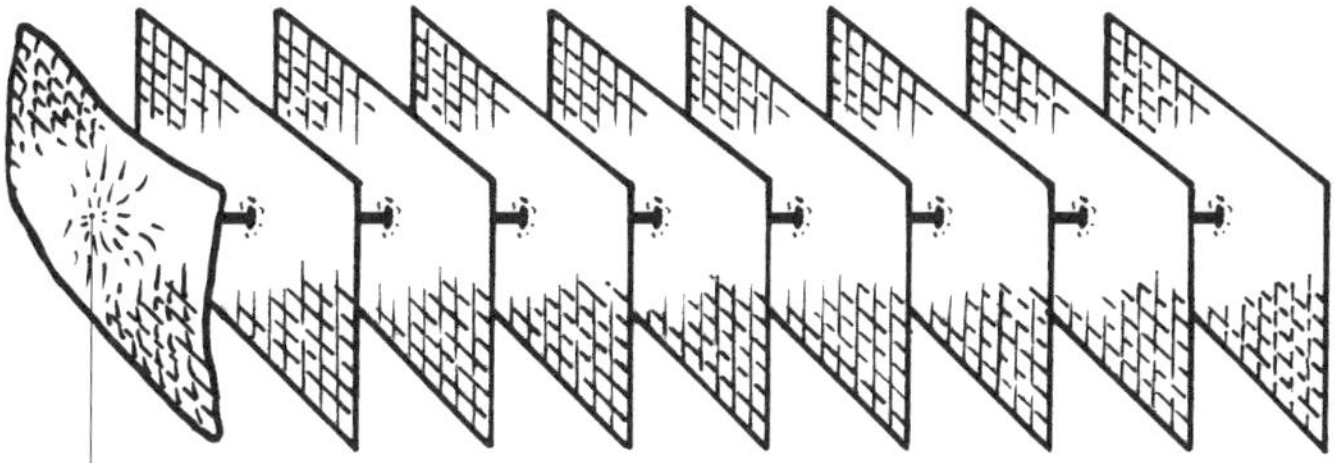

図26 7.62㎜ 弾のソフトアーマーに対する貫徹能力

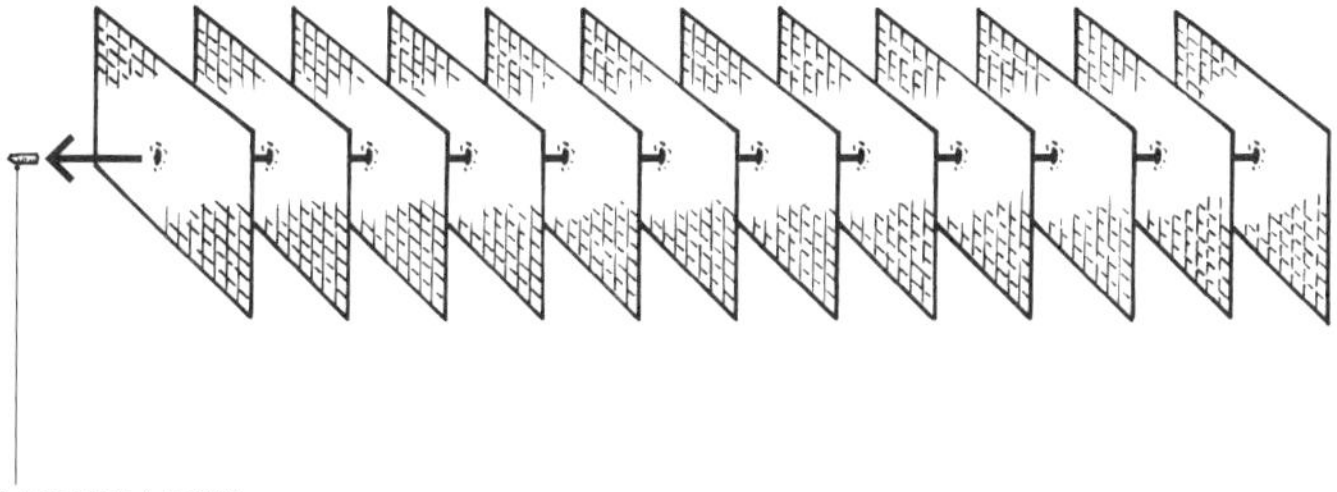

どの穴を空けました。表面塗装も弾丸直径の20倍（約15cm）の範囲で剥離したので、相当な衝撃であったことがわかります。

その一方で、5・56mm弾は鋼鉄製弾芯でありながら鋼板表面に熔着して、貫通はできませんでした。弾丸が有する運動エネルギーは鋼板にすべて伝播されたものの、表面塗装が剥離した範囲は弾丸直径の10倍程度（約5cm）に留まりました。7・62mm弾は貫徹能力・衝撃能力のいずれも5・56mm弾を大きく凌駕することに驚いたものです。

7・62mm弾と5・56mm弾の制圧範囲の比較

これまで話してきました、7・62mm弾と5・56mm弾のそれぞれの運動エネルギーと防弾素材に対する実射検証から、口径別に火力制圧範囲を視覚化してみると、図27のようになります。米国、NATO諸国は、式小銃を7・62mm弾から5・56mm弾へ小口径化を進める中でも、小銃小隊は口径7・62mmの機関銃を維持し続けました。7・62mm弾が発揮する支援火器としての制圧火力は、2種類の口径の小銃弾を管理する手間を差し引いても有効であることは、この図を見ても明白で

図27 制圧範囲の口径別比較

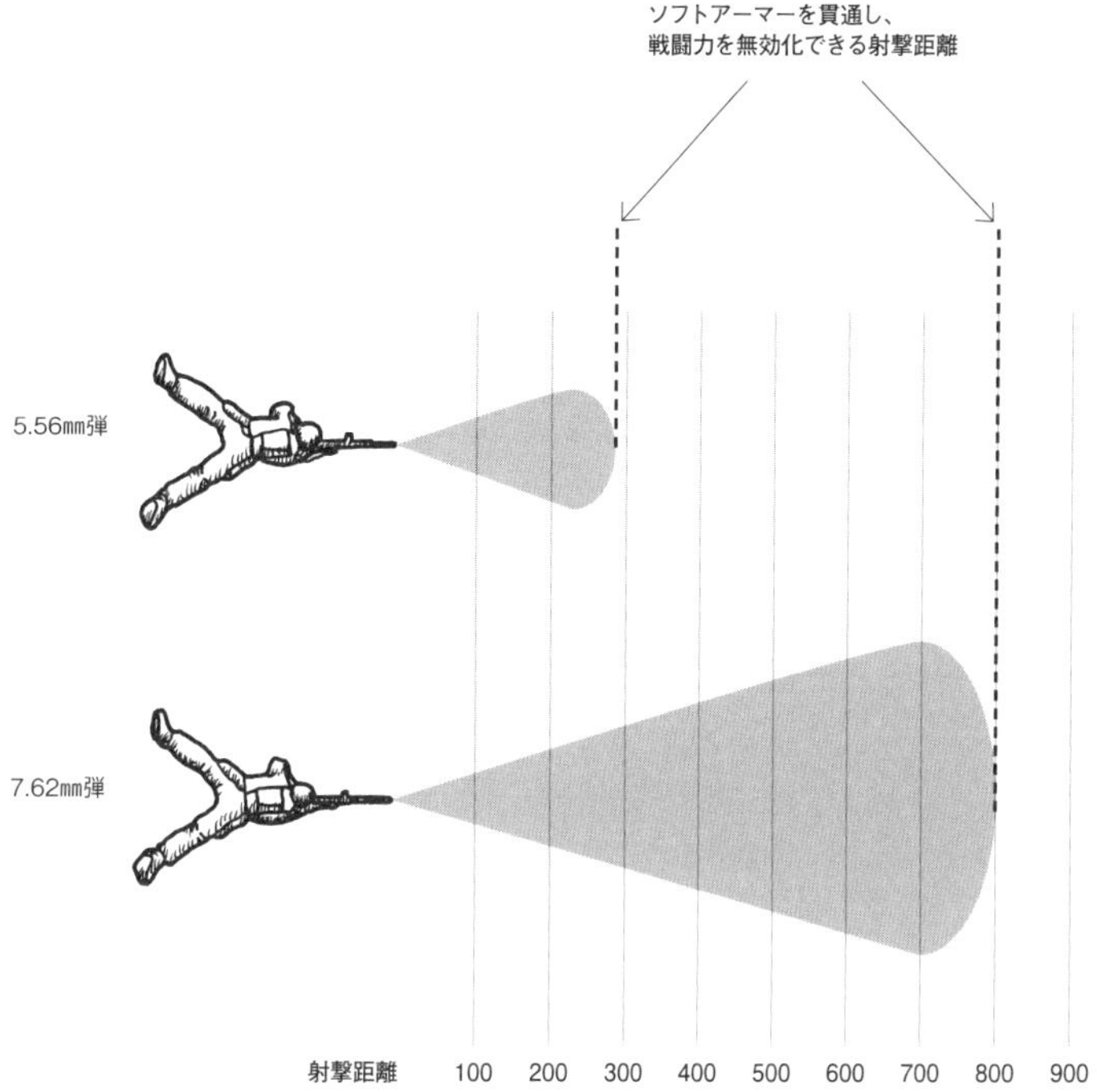

す。

今世紀に入り、フルサイズの7・62㎜弾を射撃する新カテゴリー銃「バトルライフル」の装備化も積極的に進められていて、7・62㎜機関銃によって面で制圧していた交戦距離を、バトルライフルによる精密な半自動火力を組み合わせることで、より効果的に戦おうとする姿勢が伺えます。

敵兵の戦闘力を無力化することについては、ソフトアーマーを貫通できるか否かで大雑把に比較してみました。銃創がもたらす戦闘力の無力化については、射撃距離や銃弾の安定、不安定、運動エネルギーなどが関係することから、実際はもう少し複雑になりますが、ソフトアーマーを貫通できた場合は、弾丸が皮膚を貫通し体内に侵入する創（身体の外部と通じる傷）をもたらします。創は出血を伴い、感染症の合併、体内に異物が侵入することにより血栓を生じるなど、単純な打撲よりも深刻な外傷となることから、ソフトアーマーを貫通し外創を発生させられるか否かを、戦闘力を奪う一応の基準として考察しました。

今まで話したことをまとめます。

○ソフトアーマー装着の敵兵に対する有効性は、７・62㎜弾で射撃距離８００ｍ、５・56㎜弾で射撃距離３００ｍであり、７・62㎜弾が５・56㎜弾に対し有効射撃距離が２.５倍であれば、制圧面積はその２乗である６・25倍に相当する。

小銃における口径の動向

世界的な主要銃器メーカー13社のうち8社以上が、同一設計にて５・56㎜と７・62㎜の2種類の口径の小銃のラインナップを提示しています。ドイツ・ヘッケラー&コッホ社のＨＫ４１６はフランス軍の制式小銃となり、米海兵隊では分隊支援火器である「ＭＩＮＩＭＩ」に替わりＨＫ４１６をベースとしたＭ27 ＩＡＲ（Infantry Automatic Rifle）(＊77)の装備化を進めるなど成功を収めました。

その一方で、ベルギー・ＦＮハースタル社のＳＣＡＲ ＳＹＳＴＥＭはいくつかの軍の選定トライアルに負けました。この違いは、ＨＫ４１６が工具を必要とせずにアッパーレシーバーごと銃身を交換できる一方で、ＳＣＡＲは銃身交換に工具が必要で、銃身を交換したならば照準器も試射を行い調整しなければならないためです。この成功の違いから、弾薬と銃身と照準器はセットで考えるべき

＊77 ドイツのヘッケラー&コッホ社が開発した、ＨＫ４１６をベースにしたモジュール分割式の軽機関銃。口径５・56㎜、５・56×45㎜ＮＡＴＯ弾を使用

ものであることがわかります。

米国、ＮＡＴＯ諸国の軍隊は口径５・56㎜と７・62㎜の両方の小銃を小銃小隊に装備しており、その割合の変動については兵士の要望と予算の影響を受けていることが伺えます。現代の兵士は暗視装置、通信機など携行装備が増えたため、小銃に軽さを求めがちです。テロとの戦いが増えて施設警備任務が増加したこと、自動化、機械化が進んだことで、銃の全長の短さも強く要望されるようになりました。

しかし、実際に戦闘している第一戦の部隊では、銃弾の強さに対する要望が他の何よりも優先して求められています。何度も言いますが、交戦距離３００ｍ以内は「死の間合い」です。そこで５・56㎜弾と７・62㎜弾のどちらが有効であるかは、運動エネルギーで圧倒的に勝り、技術的発展の余地の大きいことを考えた場合、７・62㎜弾の方が有効であり、今後の主流になることが予想されます。しかし、各国とも全軍に行き渡った口径５・56㎜の小銃をいっせいに更新することは予算上困難であるため、５・56㎜弾の能力向上を繋ぎとしながら、新設計の口径７・62㎜小銃へと移行することが小銃装備における傾向の実相のようです。

図28 操用性の高いブルパップ小銃のイメージ

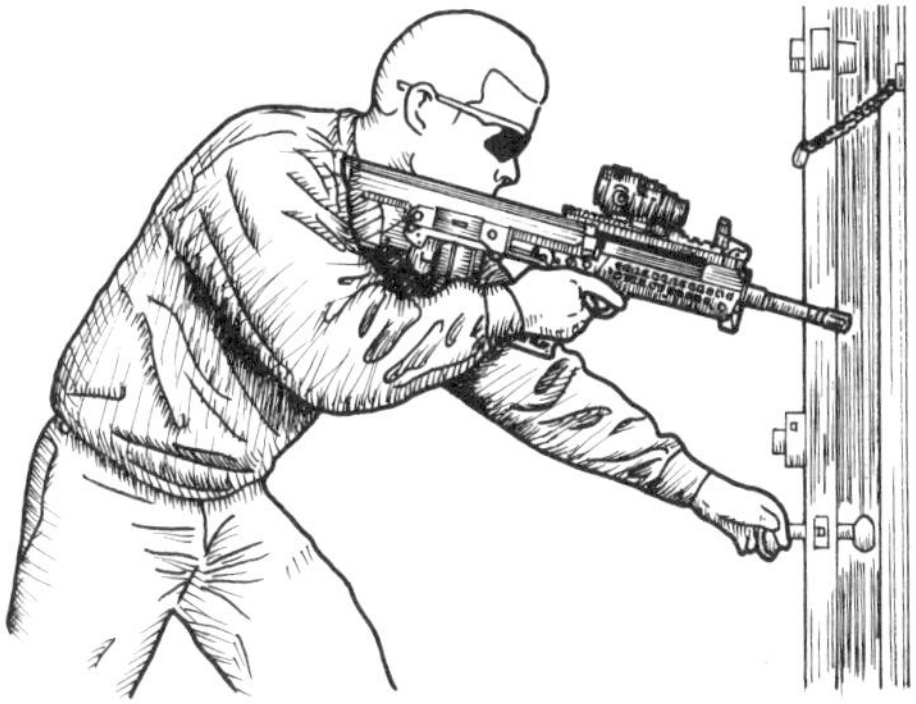

図29 前方排莢式ブルパップ小銃

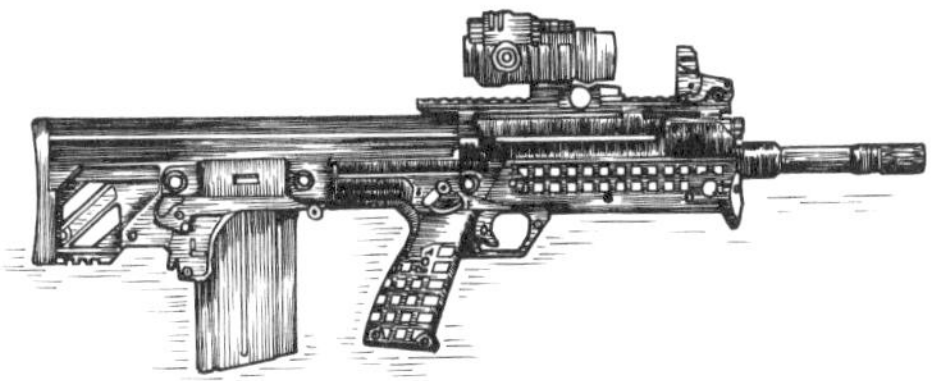

米軍、NATO軍へ小銃を供給する銃器メーカーが2種類のラインナップを設けていることは、7・62mm小銃がいつでも量産の体制にあることを意味します。いざ戦争が始まり、5・56mm小銃では威力不足が露呈した場合には、ただちに7・62mm小銃を前線に供給できる策源をこれらの国々は維持しています。また、外国では戦闘部隊兵士の大多数が銃猟経験者であり、銃猟でよく用いられる7・62mm弾の特性についてはすでに知っていることは、極めて短期間で第一戦の小銃火力を7・62mm弾へと変換できる潜在性があると考えるべきでしょう。

7・62mm弾を射撃する銃は大きく、重いという印象がありますが、図28、29のRFB：Rifle Forward Ejection Bullpup（前方排莢式ブルパップ小銃）は重量3・68kgであり、英軍制式の5・56mmブルパップ小銃であるL85(*78)（3・8kg）よりも軽量です。機関部を銃床に収めるブルパップ式にすることで、64式小銃と同じ銃身長（45cm）を有しながら全長は66cmと、64式小銃よりも33cm、89式小銃よりも26cm短いため、片手で取り扱えるほど操作性が良く、現代の「射撃を伴う格闘術」にも適しています。

ブルパップ式の最大の欠点であった排莢方式(*79)が、現在では照星位置からの前方

---

*78　1980年代にイギリスで開発されたアサルトライフル。ブルパップ式でコンパクトなデザインを採用している。口径5・56mmで、5・56×45mmNATO弾を使用

*79　発砲後、薬室から薬莢を排出するための方法

排出方式へと改善され、この面では自動小銃全般の問題解決策にまでなりました。7・62㎜弾は発射反動が強く、体格に優れる一部の兵士が扱うものという印象が強いですが、現在の技術力にて、銃口に備えられたマズルブレーキ（銃口制退器）の性能が向上したこと、反動軽減機能としてダンパー（緩衝器）が銃床内に内蔵されることで、床尾から受ける反動はかなり小さくなりました。

これらの付加装置は容易に取り付けることができ、銃の発射機構にほとんど影響を与えません。反動が7・62㎜小銃よりも強い散弾銃によるクレー射撃を小柄で細身の女性選手でも行えるのは、こうした技術の進歩の一例です。7・62㎜フルサイズ弾の小銃が、設計や付加装置の工夫により小柄な兵士でも容易に扱えるようになったため、全軍が装備する制式小銃の候補として再び注目されるようになりました。

7・62㎜弾が5・56㎜弾よりも圧倒的に強く発展性があることを、これまで話してきました。戦闘が力の衝突である以上、戦争になれば強い弾丸を撃つ銃が必要となることは明白です。米軍は2003年より一般の歩兵部隊の小銃小隊に2挺の7・62㎜バトルライフルを装備、NATO諸国もただちに小銃の口径を7・

62㎜へ変換できる態勢にありますが、我が国はどうでしょうか。将来必要となる銃について、先行的に使用する銃弾を選定し、教育・訓練する体制を整備する必要があります。

第4章

他国の戦略的思想

進化する機関銃

照井　日本は小銃小隊から7・62㎜の機関銃を手放してしまったことが、地上戦力の深刻な弱体化を招いてしまいました。これは防衛上の大問題です。

二見　機関銃はこれからどのような方向に進むのかというところは、とても重要ですね。

照井　5・56㎜機関銃「MINIMI」（図30、31）のように、5・56㎜弾を撃つ全自動火器は、米軍ではAR（Automatic Rifle）、〝連射性能に優れた小銃〟という枠に属し、フランス語でミニ・ミトライユーズ（＊80）と呼びます。7・62㎜弾とどれくらいの能力差があるかといいますと、例えば5・56㎜弾を撃つ機関銃はおもちゃのミニカー、7・62㎜弾を撃つ機関銃は実際に人が乗って運転できる乗用車くらいの違いがあります。それに、5・56㎜MINIMI軽機関銃は消えていく傾向にあります。世界では廃止傾向にある、ミニカー程度の能力しかないものを「機関銃」として装備しているのが現在の陸上自衛隊です。これは日露戦争時代よりも深刻な事態です。

＊80　フランス語で〝小さな機関銃〟という意（mini mitrailleuse）。陸上自衛隊が採用している「5・56㎜機関銃MINIMI」はこの商品名である

図30 5.56㎜ 機関銃「MINIMI」

図31 5.56㎜ 機関銃「MINIMI」全体図

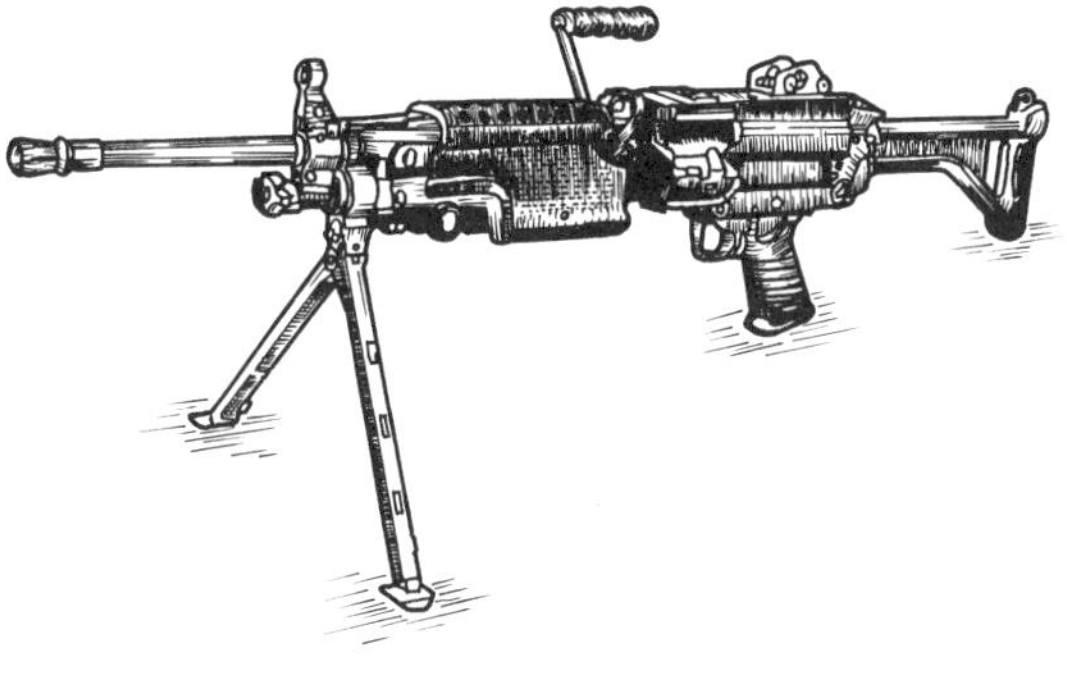

二見　その違いについてもう少し詳しくお話いただけますか？

照井　5・56㎜弾を射撃する小火器は先に話したとおり、連射して効果があるのは交戦距離300m以内に限定された制圧火力としてのみです。300mを超える距離で人体を狙うときは、ボディアーマーのない骨盤を狙って撃つ必要があります。交戦距離が300mを超える場合は、弾をバラまいても効果の乏しい火器ということです。自衛隊が「機関銃」と呼ぶ5・56㎜「MINIMI」は、商品名で「ミニ機関銃」と言われ、米軍では「AR（Automatic Rifle）」と呼び、分隊支援火器としての位置づけです。しかも、5・56㎜「MINIMI」は廃止される傾向にあります。

これは、2017年10月に発生したラスベガス乱射事件(＊81)で有名になった、小銃用60発入弾倉、100発入弾倉の信頼性が向上したことから、5・56㎜弾をあえてベルト給弾とする利点がなくなりつつあることと、明白な自動火器らしい形状の武器を持つ兵士は優先的に狙撃されるようになったためです。米海兵隊では分隊支援火器である5・56㎜「MINIMI」に替わり、ドイツ設計の小銃HK416をベースとしたM27 IAR（Infantry Automatic Rifle）の装備化を進め

＊81　ラスベガス・ストリップ銃乱射事件。観光客が集まるラスベガスで、容疑者がマンダレイ・ベイ・ホテルの32階から大通りのラスベガス・ストリップ沿いで開催されていた音楽祭会場に向けて銃を数千発も乱射。10分ほどの銃撃の後、犯人は室内で自殺したが、部屋には23丁の銃が残されていた

図32 FN-MAG

ています。この傾向は小銃小隊から機関銃が消えるということではなく、米軍の小銃小隊編成に見られるように、小隊本部が4挺の7・62㎜機関銃（FN－MAG）（＊82）（図32）を装備し、3個分隊を火力支援する体制にする中で行われており、連射による射撃位置が暴露しやすい自動火器は小銃の間合いよりも遠方から射撃する傾向を表しています。この考え方は、先進歩兵装備システムが導入される近い将来以降も継続します。

同様に、ロシア系の小銃、機関銃の用兵思想でも、ロシアのカラシニコフ軽機関銃の改良型であるPKM（＊83）は、7・62㎜NATO弾よりも強力な7・62㎜フルサイズ弾を発射する仕様となり、有効射撃距離と制圧範囲を確保

＊82　1950年代にベルギーのFNハースタル社で開発された汎用機関銃。NATO加盟諸国など80ヵ国以上で広く採用されている。アメリカでは「M240機関銃」として彩色採用されている。口径7・62㎜、使用弾薬は7・62×51㎜NATO弾

＊83　1960年代初めにミハイル・カラシニコフ氏が設計したソ連製の7・62㎜口径汎用機関銃「PK」を生産効率向上と軽量化を目的に改良を行ったもの。7・62×54㎜R弾を使用

しています。

二見　自衛隊の装備は最先端のものだと盲目的に考えてしまいがちですが、それを改める必要があると感じるお話ですね。

照井　このような変化に応えるため、ＭＩＮＩＭＩを設計したＦＮハースタル社は支援用自動火器として従来の７・62㎜ＭＡＧ（全般目的機関銃）に７・62㎜ＭＩＮＩＭＩ／ＬＭＧ（軽機関銃）をラインナップに加えました。７・62㎜ＭＩＮＩＭＩ／ＬＭＧは５・56㎜ＭＩＮＩＭＩと操作方法がまったく同じであるため、特別な訓練を要することなく支援火力の射程延伸を行いたい軍の要望に応えています。

少銃小隊が装備する７・62㎜機関銃は、手持ちの軽機関銃からリモート・ウェポン・システム（*84）へと急速に移行しつつあります。もともと全般支援機関銃ＧＰＭＧ（*85）の代表作、ＭＧ42（*86）（図33）の原型となったＭＧ34（*87）を設計し、ＧＰＭＧという火器のジャンルを作ったのは、ドイツのラインメタル社ですが、現在ドイツのラインメタル社では、もう人が手で持って撃つ機関銃というのは、設計も製造も止めてしまっています。人が撃つ機関銃というのは、もうないんですね。

＊84　遠隔操作式の無人銃架・砲塔の総称

＊85　あらゆる任務に使用される汎用機関銃（General Purpose Machine Gun）

＊86　ドイツのグロスフス社により設計・製造された汎用機関銃。第二次世界大戦時の1942年に量産開始。口径7・92㎜で、7・92×57㎜モーゼル弾を使用

＊87　ドイツのラインメタル社で設計・製造され、1934年に制式化されたドイツの機関銃。MG42の前身となる機関銃である。口径7・92㎜、7・92×57㎜モーゼル弾を使用

図33 グロスフス MG42

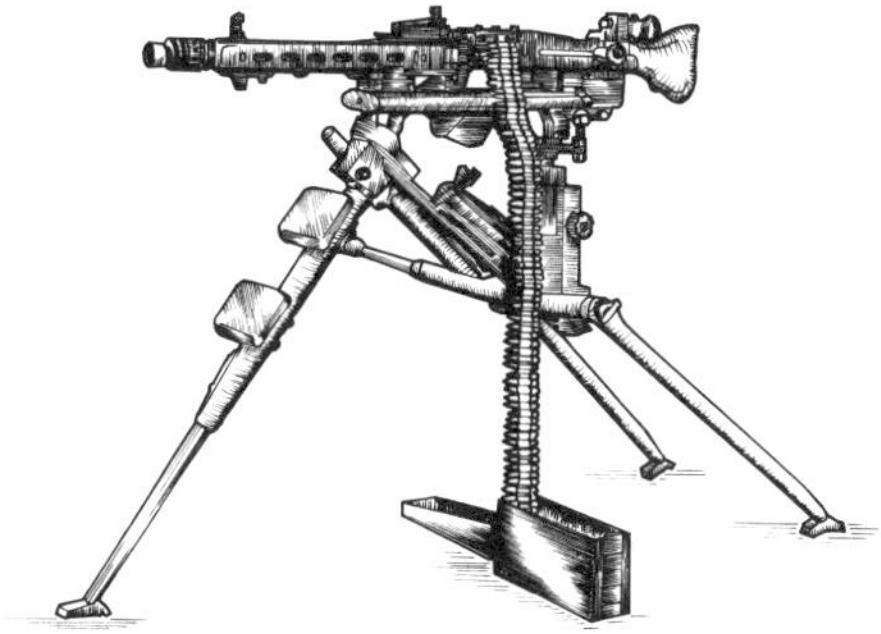

図34 間接照準射撃

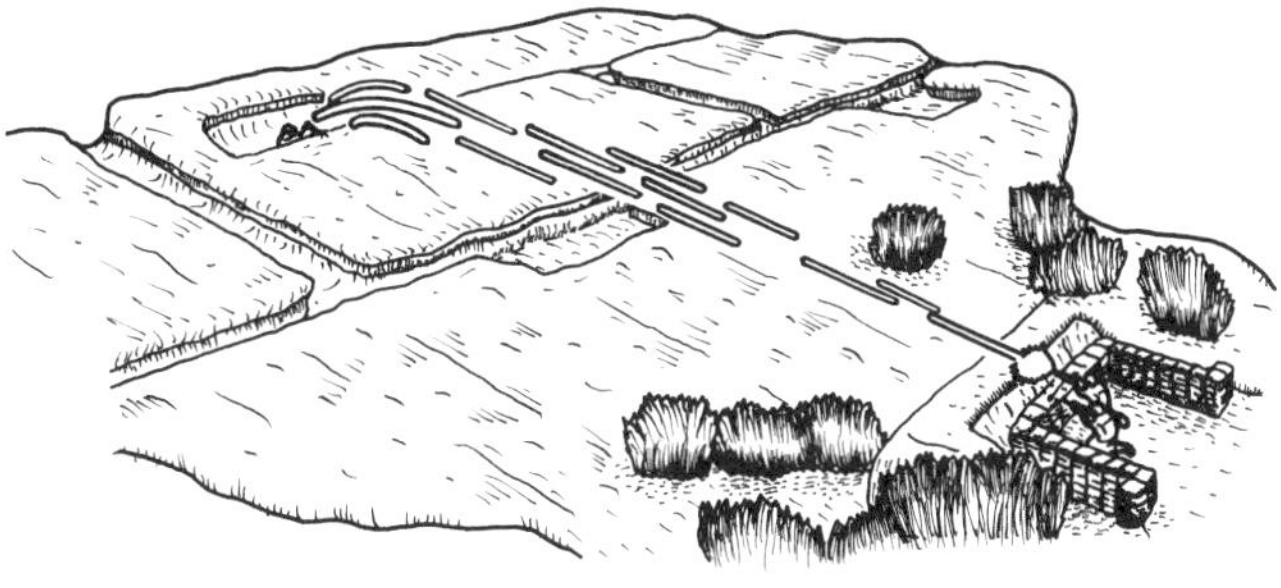

第一次世界大戦以来の伝統戦法、機関銃の間接照準射撃（Indirect Fire)。機関銃弾の1,500m付近で急激に落下する特性を活かし、塹壕内の敵を上から掃射する

７・62㎜の機関銃の射程というのは、現在だいたい１５００～２０００ｍくらいの距離で撃ってきます。それも直射火器ではなくて、曲射火器ですね。いわゆるインダイレクト・ファイア（間接照準射撃）というもので、放物線の弾道の曲射火器として使うんです。７・62㎜の弾を撃ちますと、だいたい１５００ｍを超えたところから放物線を維持することが急激にできなくなり、落下してきます（図34）。

そうすると、撃たれる方は銃弾がほぼ真上から降ってくる形になります。つまり、防弾プレートのない上から降ってくる。しかも恐ろしいことに、弾の方が音よりも速いですから、弾が飛んでくる音を聞く前に歩兵は全滅してしまう。銃弾が飛ぶ音というのは、銃弾の頭から発生して、後ろの方向へと伝わります（図35）。ということは、上から降ってくる場合にはまったく音は聞こえないです。

二見　実際にこの方法で攻撃されたら驚異ですね。現在は、これをリモート・ウェポン・システムが自動的に行うということですね。

照井　第一次世界対戦のときのドイツ軍は、８㎜モーゼルという弾を撃ちました。その当時の機関銃は、三脚に据え付けて測量して撃ったんですね。塹壕に隠れる

図35 弾丸の飛翔音が耳に到達する方向

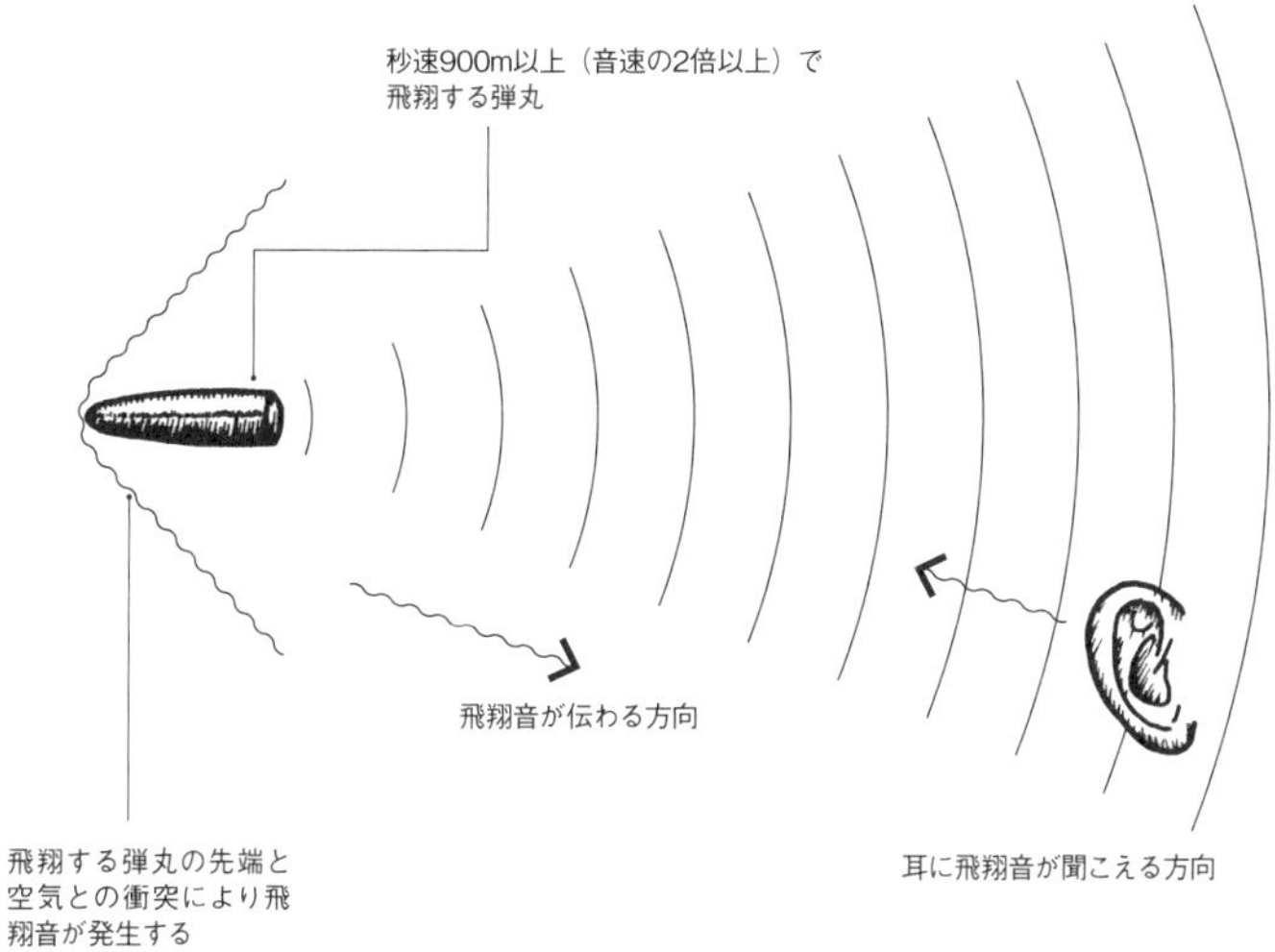

敵を撃つんです。機関銃を直接照準で撃ち合っていたのでは全然弾が当たらないので、測量して曲射弾道で撃とうと考えたのです。そのための測量装置と、機関銃の台座となる三脚に油圧装置が組み込まれており、自動的に測量した場所を葉巻状に面で制圧するように弾を撃つようになっています。

測量射撃では最大有効射程は3200mに達しました。図33はグロスフス社がMG34を大量生産向けに改良したMG42です。おっしゃるとおり、現在これは形を変えました。リモート・ウェポン・システム（自動砲塔）ですね。自動砲塔と測量とGPS、コンピューターの組み合わせにより、現在は迅速正確、機械的に撃つことができるようになったんです。

ですから、機関銃を手で持って撃つ必要がないわけですよ。自動的に運んでくれるUGV（Unmanned Ground Vehicle）（無人車両）ですとか、装甲車の上に付いているリモート・ウェポン・システム（図36）に、タブレット端末の電子地図上をタッチペンでなぞるだけで、そのとおりバーッと撃ってくれるんですね。

二見　撃たれる側からしたら防ぎようがないですね。

照井　この撃たれる場所のことをビートゥン・ゾーン（撃たれる区域）といいま

図36 装甲車に搭載されるリモート・ウェポン・システム

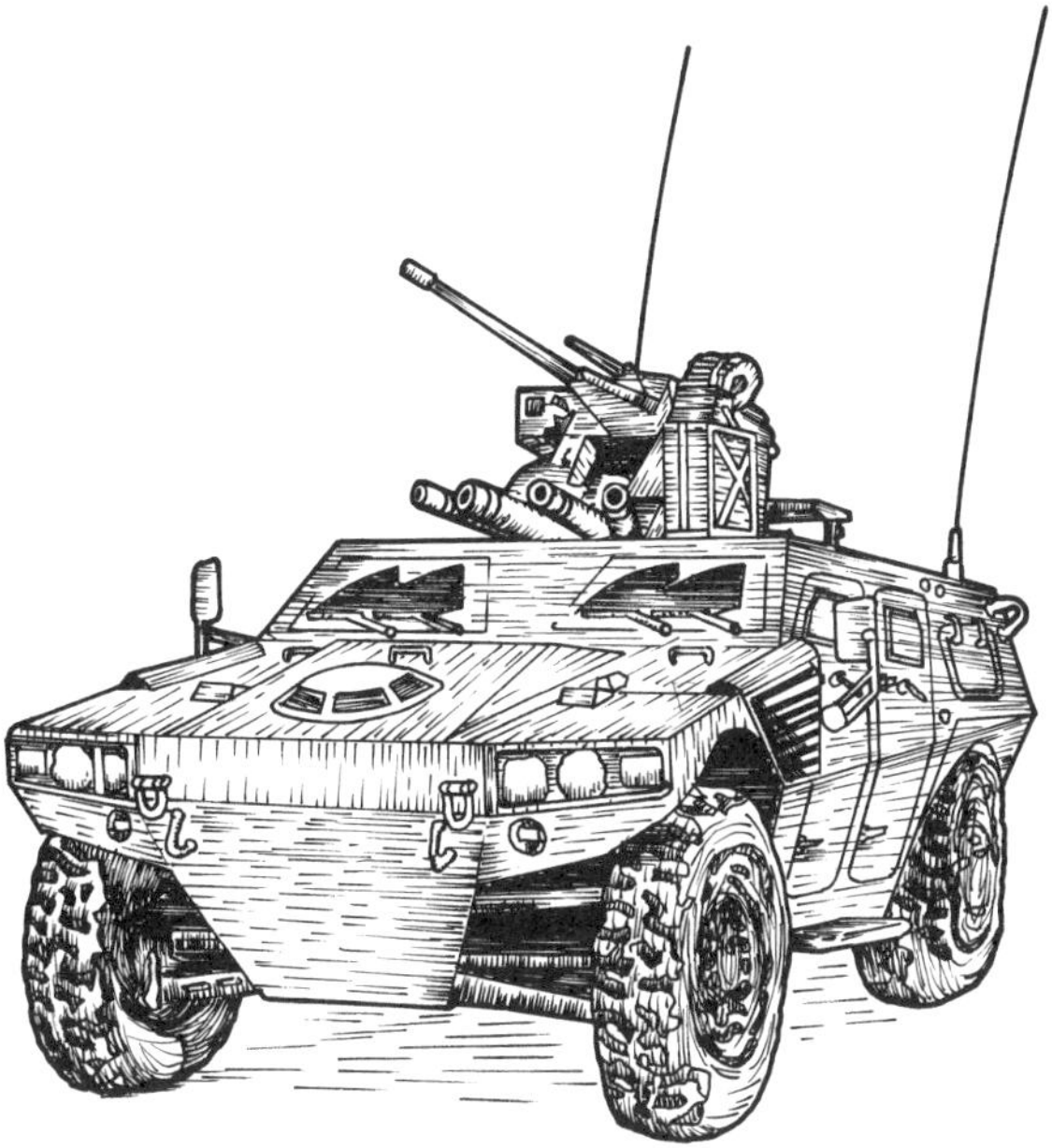

赤外線を映像化するカメラにより、少々の偽装
であれば看破され、銃撃を受ける恐れがある

す。ビートゥン・ゾーンを設定しリモート・ウェポン・システムに送って、どう撃つかがポイントとなります。現在はドローン技術が発達しておりますので、EUROSATORY2016のときはそれほどではなかったんですけど、EUROSATORY2018ではドローンとの組み合わせが提案されていました。つまり、ドローンが飛んでこの位置に敵がいると確認できたら、その情報をもとにどう撃つかを人がタブレットの中でなぞるだけです。あとは発射スイッチを押せば、自動的にバーッと撃ってくれます。

迫撃砲の砲弾などだと飛翔音が聞こえるので、数多く砲弾を発射すれば飛翔音を敵に聞かれてしまい、逃げられてしまいますが、機関銃の場合は雨あられと撃っても弾が当たる瞬間まで気が付かれない、銃弾は小さすぎてレーダーにも映らない、しかも上からですから防弾プレートで守ることができないのです。ですので、気付かないうちに装甲がない部隊については全滅ですね。それも敵と1500〜2000m離れたエリアで、敵の姿を見るまでもなく全滅させられます。これは大変恐ろしいことです。

その精度がどんどん上がっておりますので、現在は周りの建物を傷つけることなく撃つことまでできてしまいます。これは「外科手術的な戦い」といいます。いわゆるサージカル・ストライク（Surgical Strike）です。つまり外科手術をするように、敵の脅威だけを切り取ります。まさにそういう時代ですので、手に持って運用する7・62㎜の機関銃というものは、これから姿を消します。自動砲塔によって制御される、そうした戦いになるでしょう。

この戦法は、ヨーロッパではイギリスとドイツが100年以上の年月をかけて蓄積してきた戦法で、前述のようにインダイレクト・ファイアといいます。アメリカも持っていない戦法ですね。アメリカは、第2次世界大戦のときに全般支援機関銃を持っていません。そのため、ノウハウがなかったんです。そこで最近は、M60機関銃を捨ててしまって、ベルギーのFN－MAGを買ったわけです。FN－MAGを買ったのは、ただ単に機関銃が欲しかったのではなく、このノウハウも全部一緒に輸入しているのです。つまり、力で押せ押せ、物量でやれというアメリカですら、サージカル・ストライクというまさに外科手術のような戦い方をするようになっているんです。

機関銃の弾というのは非常に安いです。ですから、何千発と作っても迫撃砲の砲弾1発より安いわけです。それに破壊の範囲も少なくてすみます。そうしますと、現在の戦闘にうってつけだということで、まさに機関銃の戦いの変化というものが、2年ごとに激しく進歩しております。その一方で、7・62㎜の機関銃を捨ててしまった日本というのは、まさに日露戦争の失敗をもう一度繰り返すのではないかと危惧しております。

二見 少し形は違いますが、「トップアタック」(*88)という対戦車誘導弾で使用される方法を機関銃でやってしまうということですね。上から弾が撃ち込まれるというのは、知らないと恐ろしいですね。このやり方を知らないと一瞬にして大きな損害が出ると照井さんはおっしゃいましたが、そうなると戦い方が変わってきますね。

照井 はい。実は日露戦争の後から大東亜戦争に入るまでの間、日本でも重機関銃による測量射撃というものが熱心に研究されていました。

二見 そうなんですか。

照井 自分の祖父が機関銃手だったものですから、よくその話を聞きましたし、祖父から受け継いだその当時の研究した文献なども、私は実際に持っています。

---

*88 戦車の装甲が薄い部分である上部を攻撃する方法。対戦車誘導弾の中には、高度を上げ車体の上部に対して真上から攻撃するタイプがある

そこには92式重機関銃（＊89）を用いた間接照準射撃の研究について記されていて、92式重機関銃用間接照準眼鏡の断面図が描かれています。92式重機関銃は昭和7年（1932年）から装備が始まり、当時、機関銃の間接照準具の装備は日本が世界にさきがけていました。

MG34の制式化は昭和9年のことなので、それよりも2年も前のことでした。当時の防衛力整備の構想は、仮想敵国は旧ソ連であり、主戦場は満州と旧ソ連との国境でした。日本の工業力は発展途上であり、鉄鋼の大部分は海軍の艦艇に、精密工業の主力は航空機に充てざるを得ません。従って、陸軍火砲に割り当てる工業資源は限られたものにならざるを得ず、機関銃を主兵器とせざるを得ない状況になりました。このため、機関銃の口径を7・7㎜と強化し、射程は3500mとMG34よりも300m延伸されていました。

92式重機関銃は1個歩兵連隊に24挺装備され、世界最新の間接照準眼鏡が装備されました。間接照準射撃は難しいものでしたが、江戸時代から文盲率が世界でもっとも低かったほど教育が行き届いていた日本国民の素養に、士官の能力が優れていたこともあり、重機関銃の運用は当時世界最高レベルでした。しかし、実

＊89　1930年代前期に開発・採用された大日本帝国陸軍の重機関銃。日中戦争から太平洋戦争終戦まで使用された。口径7.7㎜、7.7㎜九十二式普通実包を使用

包生産能力が頑張っても年間6億発であり、機関銃の生産も追いつかない状態でした。

　こうした限られた工業力の中で、銃弾の種類を増やして生産力と補給を圧迫してしまったこと、優れた重機関銃も南方戦線では戦場に届く前に海没してしまうなど、本来の能力を発揮できませんでした。分隊の戦法も軽機関銃手を先頭にして前に前進し、最後は銃剣突撃だという戦法を結局大東亜戦争[*90]の終わりまで日本は捨てませんでした。それでも、通常編成の2倍に機関銃を増強した沖縄では、「嘉数の戦い[*91]」にて日本軍は反射面陣地を活用し10倍以上もの数の米軍に対して持ちこたえ、16日間も戦い続けました。機関銃が十分に充足され本来の運用ができたのであれば、当時米軍は機関銃を装備していないこともあり、少ない兵力と限られた銃弾でも勝てたのではないかと今でも思いますね。

二見　これは今の自衛隊も研究して広めていかないと、技術の奇襲を受けてしまう内容ですね。

照井　私は、今の方が先の戦争前よりも防衛上、危機的であると見ています。当時の日本軍は限られた装備であっても、実際に戦って防衛できるだけの実力は

＊90　大日本帝国と、中華民国、連合国間に発生した戦争のことで、太平洋戦争と同義。1937年7月7日に開戦し、1952年4月28日に終戦した（国際法上の戦争終結日はサンフランシスコ講和条約発効日のため）

＊91　太平洋戦争末期時の1945年4月8日からの16日間にわたり、沖縄で行われた激戦

＊92　八九式重擲弾筒が有名である。大日本帝国陸軍の小隊用軽迫撃砲。射程は200m程度で構造が簡単であり大量生産に適していた。迫撃砲同様の曲射弾道火器であるため、小銃小隊の戦闘を密接に火力支援することが可能であった。当時の日本の工業力を最大限に活かした兵器であるとの評価が高い

持っていました。戦闘機や魚雷は当時世界最強でしたし、機関銃が頼みの地上兵力にも関わらず肝心の機関銃の装備が不足している状態でしたが、安価で数を揃えられる重擲弾筒[*92]によって火力不足を補っていました。

当時はまだ、交戦する間合いで戦う実力は持っていました。しかし今は、戦闘機は高価なだけで、数が揃っていなければ稼働率も悪い状態です。その一方で緊急発進の回数は増えています。現代の地上戦において交戦距離300m以内は死の間合いです。誰も近づきたくありません。そこで、2000mくらいから機関銃の間接照準射撃が始まり、小銃の射撃は500mくらいから射撃が開始されます。以前の81㎜迫撃砲弾[*93]ですと、露天の機関銃陣地を破壊するのに100発くらい射撃してやっと3発くらいが命中という感じでしたが、GPS誘導CVT信管[*94]を備えれば、試射も含めて3発で十分です。しかも、120㎜重迫撃砲[*95]以上の口径になると、25m四方に2万個の破片が空中爆発により降り注ぐので、今までのように手足を伸ばして伏せていたのでは、手足を失って即戦死です。しかも、同じ質量であれば1個の破片が持つ破壊力は1発の銃弾の16倍以上です。

第二次世界大戦以降の研究にて、戦死の75%は砲弾・爆弾の破片が原因ですが、

＊93　81㎜口径の迫撃砲で使用する標準的な砲弾

＊94　精密誘導システムを搭載し、目標に近づくと起爆させられる信管を持つ砲弾。目標に命中しなくてもダメージを与えることができる

＊95　フランスのトムソン・ブラーント社が開発した迫撃砲。1980年代後半頃よりフランス陸軍において採用されている。日本では1992年度から陸上自衛隊で採用されており、豊和工業がライセンス生産している

なるほどと頷けます。現代戦はコストパフォーマンスを追求した効率的な殺人そのものであり、その中で生き残る方法を自衛官のほとんどが知りません。みんな大の字になって伏せてしまいます。

二見　守るときだけでなく、攻撃する際にも遅れをとりそうですね。

照井　陸上自衛隊の小銃小隊は、交戦距離300～2000mの間合いで戦えるだけの武器を持っていません。小隊に1基2基の対戦車火器ではなく、数が揃っていて敵を制圧できるだけの武器を備えていないということです。AASAMで毎年優勝しているインドネシアの制式小銃はPINDAD SS2で、(＊96)有効射程は600mです。これは敵を上陸前に減殺するという明確な意図のもとに地上戦力を整備しているためで、日本は島国だから火器の射程は短くても構わないという理由は成り立ちません。明確な意図もなしに小銃を更新しているので、64式小銃から89式小銃への移行がいつ完了するかを誰も知らない。スペイン・バルセロナのサグラダ・ファミリア状態である上に、新小銃がどのように装備されるかも不明です。

もし、明治維新並みに急速に陸自を進化させるのであれば、7・62㎜ブルパッ

＊96　インドネシアのピンダッドによって開発されたアサルトライフル。2006年からインドネシア軍および警察で採用されている。口径5・56㎜、5・56×45㎜ NATO弾を使用

プ小銃を全隊員に装備し、機関銃も7・62㎜にして口径を統一してしまうことです。この章の後半では、各国の動向を見ていきたいと思います。

自衛隊の近代化は可能か

オーストラリアの正式小銃「STYER AUG F90」(＊97)（図37）はAASAMにより収集された情報により改良されてきました。第一線の歩兵部隊から優先的に更新が行われており、AASAMでは最新型のF90を見ることは、かなり先のことになるでしょう。韓国との共同訓練に参加した部隊が装備しているのを報道されたことがある程度です。

制式小銃をブルパップ式にしますと、銃剣格闘はできなくなるので武器としての銃剣を捨てることになりますが、今世紀に入り、防弾ベストの普及により銃剣で刺したり切ることができる場所がなくなったので、フランス軍が儀式以外は武器庫から銃剣を出すことがなくなったように、先進国の軍隊では銃剣格闘を廃止して、敵との身体が接近する戦闘においては、手や足による打撃などで敵の動きを止めることに連携し射撃を行う「射撃を伴う格闘術」に移行しつつあります。

＊97　オーストリア・シュタイヤー・マンリヒャー社製のアサルトライフルで、オーストラリア軍の制式小銃。ブルパップ式のAUG（Army Universal Gun：汎用小銃）であり、射撃精度はやや低下するものの、迅速な銃身交換機能を持つことで、至近距離専用銃、射程を延伸させた小銃、分隊支援火器の機能を切り替えることが可能。口径5・56㎜で、5・56×45㎜NATO弾を使用

図37 オーストラリア軍のSTEYR AUG F90

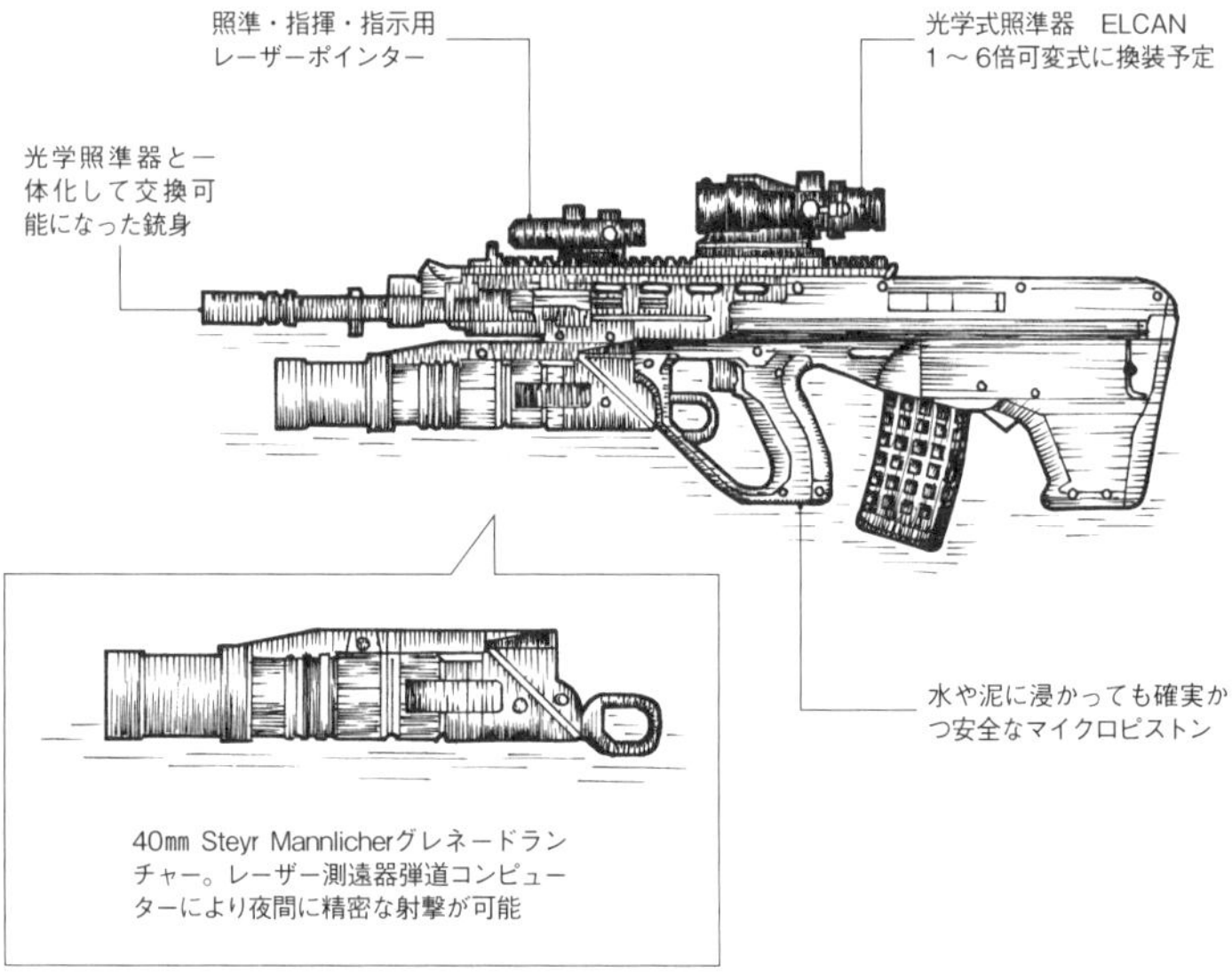

全長	銃身長	有効射程（推定）	重量
790mm（89式小銃に比し126mm短）	508mm（89式小銃に比し88mm長）	700m（89式小銃の2倍）	3,250g（89式小銃に比し250g軽量）

コンバットナイフとしての銃剣の使い道も2012年くらいから限定的となっています。まず防弾ベストの発達により突き刺す場所がなくなったことに加え、2001年から2011年にかけてのイラク・アフガニスタンでの戦傷病の研究から、人は致命傷を負った直後は脳が混乱しており痛みを感じないことが判明して以来、ナイフ格闘は敵の脚の腱を切断して立てなくする技術が重視されるようになりました。そのため、ナイフ格闘技術が大変難しくなり、教育の手間も多くの時間を費やすため、コンバットナイフとしての銃剣の活用は特殊部隊に限られています。最新の小銃は4種類の照準器に射撃位置探知装置などを搭載した精密機器化しているので、小銃はもう打撃武器ではありません（図38）。

また、射撃位置探知装置も小銃に搭載できるほど小型化され、個人装備化しました。中国でも手の平サイズの射撃位置探知装置が開発され、兵士個人が肩に装着して装備するようになっています。射撃位置探知装置は、敵の銃の発射音と弾丸の飛翔音から射撃位置を特定するものです（図39）。

この個人装備化される射撃位置探知装置に対抗するため、最近では機関銃にまでサプレッサーが装着されるようになりました。サプレッサーを装着した銃で射

図38 現在の小銃には4種類の照準器が装備されている

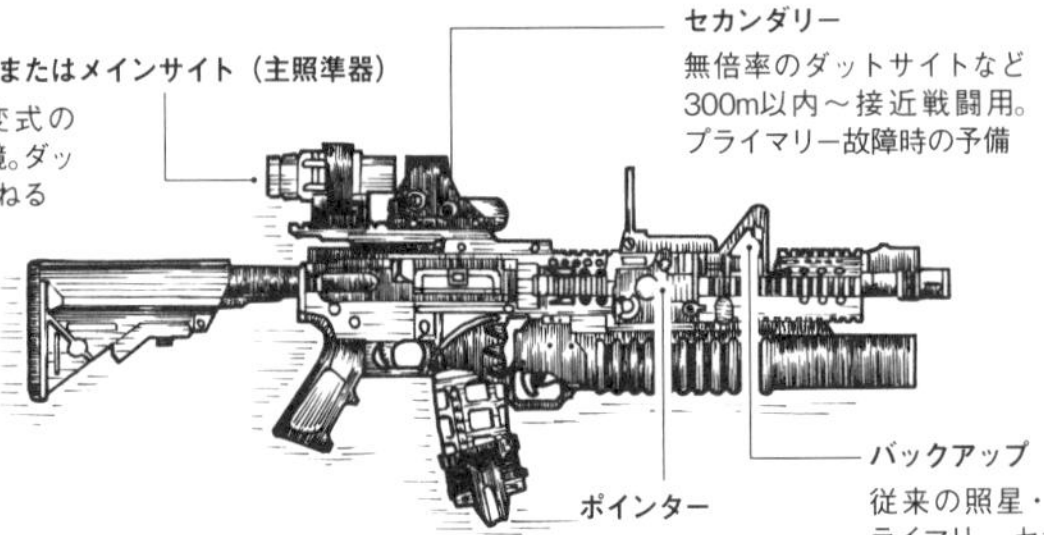
プライマリーまたはメインサイト（主照準器）
1～6倍可変式の
光学照準眼鏡。ダットサイトを兼ねる
従来の照星・照門。プライマリー、セカンダリーが故障したときの予備
レーザーポインター。
指揮・指示用

プライマリー、セカンダリー、バックアップ、ポインター、これらの4種類の照準器を総称して「エイミングデバイス」と呼ぶ

図39 射撃位置探知装置

発射音、弾丸の飛翔音から射撃位置を探知する

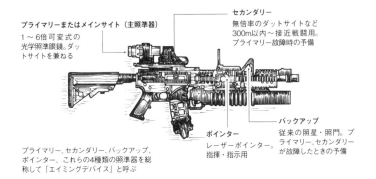

撃されると、射撃位置探知装置は弾丸の飛翔音しかとらえられなくなり、敵が射撃をしてきたおおよその方向しか特定できなくなります。そこで、今度はサプレッサーを装着した銃による射撃位置を探知するために、射撃位置探知装置を装備する兵士をネットワークで結び、GPSによる位置情報で交会法(＊98)により敵の位置を特定するようになりました。こうなると、ますます個人が装備する電子装置が増えていく。これが歩兵の近代化の実相です。

こうした戦場で生き残り、戦えるようにするには、やはり優れた装備が不可欠です。それも時代を先取りしていなければなりません。人の訓練には時間がかかるためです。そのために、一気に時代を跳び越して自衛隊をごく短時間に近代化させるためには、7・62㎜のブルパップ式小銃を制式小銃化し、機関銃も7・62㎜の軽機関銃とリモート・ウェポン・システムの間接照準射撃用の車載機関銃に統一、弾薬カテゴリーから5・56㎜弾を廃止して補給を単純化、銃剣格闘を廃止して訓練時間を確保するという結論に達します。

現在の7・62㎜ブルパップ式小銃は、89式小銃より180gほど重い程度で、重心が身体に近いため女性隊員でも片手で保持できます。重心が身体に近いこと

＊98 複数の既知点から目標の方向を割り出し、位置を求める測量方法

図40 制式小銃をブルパップ式に変更することでもたらされる効果

従来型：89式小銃

ブルパップ型：F90

【現状及びその問題点】

射撃能力

1. 銃身長不足による射程距離500m以上の有効射程の不足
2. 照星・照門照準による射撃距離400m以上の照準能力の欠如
3. 移動目標射撃能力の不足

隊員の基礎的能力

1. 銃の取り扱い、整備方法の形骸化・陳腐化
2. 防弾ベスト普及に伴う、銃剣格闘の無効化

【期待しうる効果】

射撃能力

1. 銃身長延長による有効射程の延伸
2. 光学照準器の標準搭載による、射撃距離400m以上の照準能力の獲得、目標識別、移動目標照準及び射撃距離変換射撃能力の飛躍的向上（照準半径が短いブルパップ式は光学照準器が必須となるため）
3. 銃の全長短縮による、移動目標射撃能力、至近距離射撃能力の向上

隊員の基礎的能力

1. 銃に対する意識改革の実現。取り扱い、整備方法教育の徹底
2.「射撃を伴う格闘術」への移行実現

は射撃を伴う格闘術においても有利です。銃は短くなりますが、実は格闘戦は有利になるのです。ブルパップ式は照準半径が従来型の半分以下と極端に短いので、照門・照星による照準を捨てることになりますが、光学式照準に切り替えることで戦闘力は飛躍的に向上します（図40）。

このトレードオフは仕方のないことです。資源は限られており、何かを得るためには何かを捨てなければなりません。改革を進めるために最初に行うことは、やらないことや捨てるものを決めることです。そうしなければ人的資源も時間も費用も捻出できません。

２０１８年7月23日の『読売新聞オンライン』に「海自・空自、地上任務の一部を陸自に移管へ」と題した記事が掲載されました。これは、海上自衛隊、航空自衛隊の人員を艦艇や航空機の運用に関連する任務に優先配分し、海洋進出を強める中国への対処力を強化するため、政府が、海上・航空両自衛隊が行っている施設警備など地上任務の一部を陸上自衛隊に移管する「クロスサービス」(＊99)の検討に入ったことを報じたものです。

この施策は実現不可能であることが露呈し中止されましたが、それでも陸自の

＊99　各自衛官を陸上、海上、航空の区別を超えて運用すること。例：航空自衛隊の基地警備を陸上自衛隊が行うなど。海外では医療機能を独立させ、陸軍、海軍、空軍、医療軍の4軍制を採用する傾向にある。陸軍、海軍、空軍の衛生支援は医療軍によるクロスサービスによって行われる

任務はますます増えます。イージス・アショア(*100)の運用にも人員が割かれ、国際任務もとなれば、社員まで動員して業務をこなさなければならないほど危機的な人材派遣会社のようになるでしょう。しかし、朝鮮戦争時の韓国軍は戦闘と建軍を同時にやりました。日本は、他国では100年以上かかり内戦になるであろう明治維新を成し遂げた国です。自衛隊のごく短時間の近代化は不可能ではないと思っています。

AAD2018緊急レポート

私は、南アフリカ共和国の首都プレトリア郊外の空軍基地で、2018年9月19日～23日に開催された「AAD2018 国際航空防衛展」において、日本人唯一の認定ジャーナリストでした。フランスの首都パリ郊外の国際展示場で6月11日～15日に開催された欧州最大の国際防衛展「EUROSATORY2018」の認定ジャーナリストでもありましたから、両防衛展について比較することができました。

EUROSATORYは〝ビジネス〟の色彩が極めて強いので、戦闘機とか軍

*100 イージス艦が保有する弾道ミサイル迎撃システム(イージス弾道ミサイル防衛システム)の機能を、陸上で運用するためのシステム

艦とか、情報収集・処理・伝達システムなど防衛産業が利益を得る兵器の展示が多く目立ちました。近未来の戦場という印象です。その一方で、ＡＡＤはリアルな戦場の実相を知ることができます。特にＡＡＤ２０１８は、南アフリカ陸軍の全面協力により、リアリティーを追求した体験型展示がなされており、現在の戦場について具体的にイメージできました。ここでは、このＡＡＤ２０１８で気になった展示をいくつかご紹介します。

【オートマチック・グレネードランチャー】

現在の地上戦闘では、小銃小隊で口径20㎜以上の「砲」が運用されています。そして、40㎜オートマチック・グレネードランチャーの射程は２５００ｍまで伸びました。ロシアが売り込んでいたのは、35㎜オートマチック・グレネードランチャー、そして、南アフリカ陸軍で実際に運用されているのは40㎜オートマチック・グレネードランチャーです。

【狙撃銃】

狙撃銃は50口径（12・7㎜）が当たり前になり、対物狙撃銃は20㎜に口径が大型化、射程は2000ｍまで延伸しています。小銃小隊の交戦は彼我の距離が2000ｍ以内に入った時点で始まり、1000ｍに互いが近づくまでに勝負がついています。展示では、南アフリカ陸軍で実際に運用されている20㎜狙撃銃と、ロシア銃器メーカーのブースでは対物狙撃銃に加え、消音狙撃銃の売り込みに熱心だったのが印象的でした。

【中国】

中国も、航空機格納庫に設けられた展示会場の3分の1を占めるかなり大きなスペースのブースを設けていました。

南アフリカ製、スーダン製、ロシア製、中国製、インド製の軽火器はコストパフォーマンスに優れるので、将来自衛隊の脅威になるものとして、それらの性能と機能には精通しておくべきです。大砲の発射数は極端に減り、「静かで、経済的で、効率的な大量殺人」が現在の戦場です。これらは、この2年前のＡＡＤ２０１６では実際の装備化は見られないものでした。

口径が20㎜以上になると銃ではなく「砲」になります。20㎜ペイロード(＊101)が意味するところは、コンピューターを搭載した信管と高性能爆薬を弾頭に内蔵できるようになることです。成形炸薬弾頭により40〜60㎜の装甲を貫通できるようになり、ＧＰＳ搭載信管により空中爆発させるエアバースト弾を発射できるようになります。もちろん50口径（12・7㎜）で用いられていた徹甲弾、焼夷弾はより強力になります。40㎜オートマチック・グレネードランチャーには弾道計算コンピューターの発達により、従来の迫撃砲の照準器を取り付けることにより間接照準射撃が可能になり、迫撃砲のような運用をするようになりました。射撃精度は夜間の直接照準射撃では４００ｍ離れたビルの特定の窓を狙えるまでになりました。間接照準射撃では、昼夜を問わず２０００ｍ先に40㎜グレネードの雨を正確に降らせることができるのです。

以前から、リモート・ウェポン・システムにより、７・62㎜機関銃の間接照準射撃により１５００〜２０００ｍ先に正確に機関銃弾を撃ち込むことは行われて

＊101　ペイロードとは搭載能力のことを指す。日本をはじめ国際的に慣習として、口径20㎜未満の火器は「銃」、20㎜以上のものは「砲」に分類される。銃と砲の違いはペイロードの違いである。砲になると、信管を備え、弾頭内に爆発・炸裂させるための爆薬である炸薬を内蔵させることができる。口径20㎜は、炸薬を内蔵できる弾薬を大量生産できる最少のサイズとして注目されている

いましたが、40㎜グレネードにより、さらに面制圧と装甲車両の破壊が可能になりました。40㎜グレネードの成形炸薬弾頭であれば、80～120㎜の装甲を貫徹することができます。それも、曲射弾道なので装甲車の上からです。さらに、弾道計算コンピューター搭載の発射機により、携帯対戦車弾パンツァーファウスト（＊102）の射程は1300mと、3倍以上に延伸されました。

現在の陸上自衛隊の小銃小隊では小銃は5・56㎜、機関銃はなく、5・56㎜のミニ機関銃のみです。間接照準射撃が可能な武器を装備していないので、交戦距離は400mが限界となります。50口径の重機関銃で2000m先を直接照準射撃ができる程度です。それもアイアンサイト（＊103）による昼間だけです。迫撃砲で反撃するも、効力射（＊104）開始前に40㎜グレネードと機関銃の曲射射撃の精密射撃を受けてしまいます。敵の姿を見るまでもなく、1000m以内に近づくまでもなく、小銃と軽機関銃を撃つこともなく全滅となります。

AASAMをどう見るか

戦闘の実際の様相を知る上で、AADの開催地はヨーロッパやアメリカからほ

＊102　ドイツ・ダイナマイト・ノーベル社製の携帯対戦車兵器。ドイツ陸軍、スイス陸軍が装備するほか、日本の陸上自衛隊でも「110㎜個人携帯対戦車弾」として採用している

＊103　照門・照星を用いた目視による等倍の照準器のこと。鉄製なのでアイアンサイトと呼ばれる。光学機器（オプティカルサイト）を使用した人の裸眼視力以上の能力を発揮させないで照準するための原始的な照準器。

＊104　敵を撃破するための射撃

どよく離れているので最適です。それはなぜかというと、アフリカ大陸の争乱は複雑であり、その安定化にヨーロッパとアメリカは介入することを避けがちで、それ故にヨーロッパやアメリカによる強引な兵器の押し付けがなく、戦闘に勝つことを純粋に追求した兵器や装備体系を実際に見ることができるためです。アフリカには世界中の歩兵火器を用いた戦場があるため、オーストラリアでのＡＳＡＭの情報も集まってきます。毎年5月にオーストラリアのパッカパニャル陸軍基地にて開催されているのがＡＡＳＡＭです。日本を含め東アジア、環太平洋から15ヵ国前後が参加し、インターネットなどで参加国軍隊の詳細な結果が公表されています。

毎回のＡＡＳＡＭの射撃種目を分析すると、近年の弾丸と銃の進歩による戦闘の変化が反映されていることが伺え、米国、ＮＡＴＯ諸国の小銃の装備状況、ロシア、中国軍の小銃の装備状況から、我が国の新小銃の必要性が見えてきます。ＡＡＳＡＭには部隊戦闘射撃種目があり、そこでは射手の練度を、射撃距離１００～４００ｍの目標変換射撃、射撃距離25～１００ｍの移動を伴う目標変換射撃など、さまざまな射距離に応じる射撃を評価しています。

公表される評価に関するデータを分析する際に注意しなければならないことは、競技会によって公表されるデータは秘密のある最新の戦闘技術ではないことです。例えば英、仏、米陸軍、米海兵隊は低評価であることが多いものですが、これは射手が予備役であることや、ＡＡＳＡＭでは実施規定で「小銃はService Rifle：制式小銃を使用すること」と定めているため、これらの国々ですでに装備化を進めている7・62㎜バトルライフルを用いなかったなどの理由で成績が振るわなかったにすぎません。

一方で、オーストラリア軍が高評価であるのは、装備する制式小銃が小銃1挺で近接戦闘専用銃と射撃距離400～600mを担う小銃の機能を切り替えられる能力を有しているためと考えられます（＊105）。しかし、オーストラリア以外の上位半分以上に入る国は、先進国のように戦車などの正面装備の充実や各兵士に支給する小銃の近代化を同時に進められるほど、防衛力の整備に費用をかけられません。そこで、先進国の小銃小口径化に倣い、制式小銃（サービスライフル）とした口径5・56㎜小銃の機能を最大に発揮させようと独自の工夫を凝らし、訓練も充実させたため、上位の成績を収められたと推察します。

＊105　ＡＡＳＡＭの部隊戦闘射撃はMATCH28（Service Rifle Teams Championship）において評価される。当種目は基本射撃、射撃距離100～400ｍの目標変換射撃、射撃距離25～100ｍの移動を伴う目標変換射撃により構成される

インドネシアのように、ＡＡＳＡＭにおいて1位を取っていることを宣伝し軽火器の売り込みに熱心な国もあります。このように、加国それぞれの小銃装備の傾向が表れているものがＡＡＳＡＭであり、その成績は単に射撃競技会の評価に留まらず、参加国の小銃の専門的分化や制式小銃に対する考え方が色濃く反映されているものなのです。

旧ソ連系弾薬の変化

【交戦距離の変化】

２００１年からのアフガンにおける紛争やイラク戦争といった、年増加している対テロ戦争（非対称戦争）における教訓から、ＡＡＳＡＭでは小銃の交戦距離を４５０ｍと設定したものと考えられます。その交戦距離の延伸に影響を与えているものが、世界中の紛争地帯で使われる旧ソ連系弾薬の変化です。世界の紛争地帯ではＡＫ－47(＊106)を装備した少年兵、少女兵が問題となっていますが、紛争地帯で銃撃された死体を調べてみると、ＡＫ－47の7・62㎜短縮弾ではなく、遠方から発射されたドラグノフ狙撃銃(＊107)のフルサイズ小銃弾の方が多いことが判明しま

＊106　銃器デザイナー・ミハイル・カラシニコフにより設計され、１９４９年にソビエト連邦軍が採用した口径7・62㎜の自動小銃。高い生産性・耐久性により、全世界に普及し、さまざまな改良型が開発された。7・62×39㎜弾を使用

＊107　ＳＶＤと略されることもある。ソビエト連邦が開発した発射ガス利用による連射性に優れたセミオート狙撃銃である。小銃小隊で運用するため、軽量化や運搬性向上のために中央部に大きな穴を空けた銃床と銃剣が外観上の大きな特徴である。頑丈で信頼性が高い。使用する弾薬は機関銃と共通の7・62×54㎜Ｒ弾（Ｒは「Rimmed（リムド）」もしくは「Russian（ロシアン／ラシアン）」の略）に加え、狙撃専用弾薬の７Ｎ１、７Ｎ14も用いられる

した。つまり、少年兵、少女兵のAK－47による射撃は囮であって、彼らの射撃によっておびき出された兵士が遠方からドラグノフ狙撃銃によって射殺されているることが実際です。そこで、ドラグノフ狙撃銃に対抗できる銃の装備化が求められるようになりました。また、近年、自軍兵士の犠牲を減らすことが政治的に重要な要素となったこともあり、各国軍隊では努めて敵を遠距離から減殺するようになりました。

【機関銃・狙撃銃用弾丸の変化】

現在ロシアや中国、紛争地帯で主に使用されている小銃弾、狙撃銃弾、機関銃弾は、今日に至るまでに幾度か大きな変化を経ています。図41はその比較で、左から7・62㎜狙撃銃・機関銃弾、小銃用7・62㎜短縮弾、5・45㎜小銃弾です。7・62㎜狙撃銃・機関銃弾は、以前7・62㎜NATO弾とほぼ同じ大きさと性能の弾薬でしたが、今日では射程延伸のため弾頭重量が増し、発射薬量も増えています。

この改良によりドラグノフ狙撃銃の射程は、従来の射程400mから600m以上に延伸されました。この狙撃銃の射程延伸には大きな意味があります。従来

図41 旧ソ連系弾薬の比較

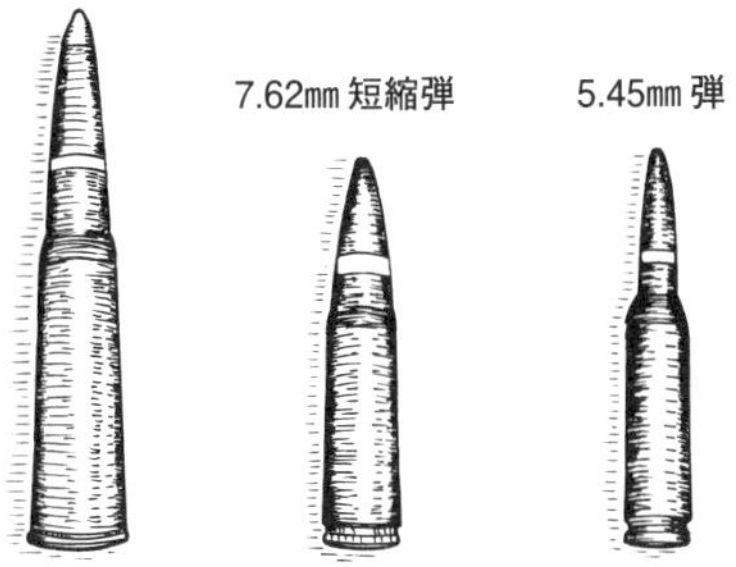

の射程400mでは弾着と同時に発射音が敵に届きますが、600mまで延伸すると、弾着からやや遅れて発射音が敵に届くことになり、それだけ我の狙撃企図の秘匿、残存性を高めることが可能となります。

分隊支援機関銃は、以前、図41中央にある7・62㎜短縮弾を使用していましたが、火力制圧範囲を拡大するため、図41左のフルサイズの7・62×54㎜ R弾を使用するようになりました。これは、分隊支援機関銃の射程が従来の数倍にまで延伸されたことを表し、射撃距離が2倍に延伸されれば面積は距離の2乗に比例するわけですから、火制範囲は4倍に拡大されたことに相当します。狙撃銃と機関銃弾薬の共通化は、狙撃されるキルポイントを面でも制圧される恐れがあることを意味します。
さらに、機関銃弾の射程延伸は、次に詳しくお話しする貫徹能力の向上にも繋がっていて、機関銃弾の貫徹能力が高まることは、装甲車による乗車突撃が困難になることも考慮しなければなりません。これらの旧ソ連系狙撃銃弾・機関銃弾の変化に対抗するため、NATO諸国では小銃弾の射程延伸と狙撃銃の減音器装備化を進めています。狙撃銃の減音器装備化は、発射音が敵に届くよりも先に敵に弾着する距離（600m以上）から狙撃銃を撃てば、敵はどこから撃たれたか、いつ撃たれるかがわからなくなり、パニックに陥ります。
弾薬が進歩したことで、現代歩兵の小銃による交戦距離が600mまで延伸されていることに伴い、戦法も変化しているものとして認識を改める必要があります。

【小銃用弾薬の変化】

小銃については、図41中央にある7・62㎜短縮弾をAK－47小銃が使用し、近代化されたAK－74小銃は図41右にある5・45㎜小銃弾を使用しています。小銃用弾薬は、1回目の大きな改善として、弾頭にエアスペースを設け、命中した人体に侵入後、瞬間空洞を大きくする機能を付与することで殺傷能力を高めました。この改善は「ベニヤ板1枚で貫徹力が失われる」という流言が出るほど、命中した際に弾頭が容易に潰れ、体内に浸徹しつつ停止、もしくは激しく動揺することで人体を破壊する弾頭構造が特徴でした。しかし、最近の防弾ベストに見られる個人複合装甲技術の発達により、この改善は急速に無力化されました。

2回目の大きな改善は鉄製弾芯を備えたことであり、最近の旧ソ連系小銃用弾薬は、個人複合装甲に対して貫徹能力が高い弾丸となっています。弾頭の改善は、2つの大きな変化を経ましたが、口径については図41右側の5・45㎜小銃弾から7・62㎜短縮弾薬への回帰の傾向が見られます。私は実際に撃ったことがありますし、銃猟で使用している場面を何度も見ていますが、射程は7・62㎜短縮弾薬の方が短く、精度も射距離300mで弾着がドアの大きさに散ります。性能で劣る7・62㎜短縮弾薬に回帰するのは、製造の容易性と作動の確実性を重視したためと考えられます。つまり、口径の小さい銃は製造が難しく、故障排除が難しいという単純な理由によるものです。

中国軍では口径5・8㎜（5・8×42㎜）の小銃弾と専用ブルパップ式小銃の

装備化を試みた時期がありましたが、それは軍団単位の装備化に留まり、全軍に行き渡る制式小銃は旧ソ連系ＡＫシリーズの最新型とし、小銃の型は更新しても弾薬は変えませんでした。弾薬を変えてしまうと、マガジンポーチなどの形状が変わるので装備を一新しなければならないことと、戦い方が変わるため、全軍に変換教育を施さなければならないためです。

旧ソ連系火器では、射程を延伸した半自動式狙撃銃・機関銃と堅牢な小銃のコンビネーションによる小部隊戦術が単純明解で有効であることが、各地の紛争地帯で実証されています。中国軍もこれを踏襲することで、必要最小限の努力で近代化を図ったのではないかと推察されます。

２０１４年以降、中国製武器も性能が格段に向上し、国際マーケットにおいて売れるようになりました。市場に大量に出ることによるフィードバックが、さらなる中国製武器の性能向上に貢献しています。教育・訓練の手間をかけてでも軍団単位での小銃・機関銃・狙撃銃弾薬の一新を図る日は近いかもしれません。

図42　最新の5.56mm弾頭（SS109）

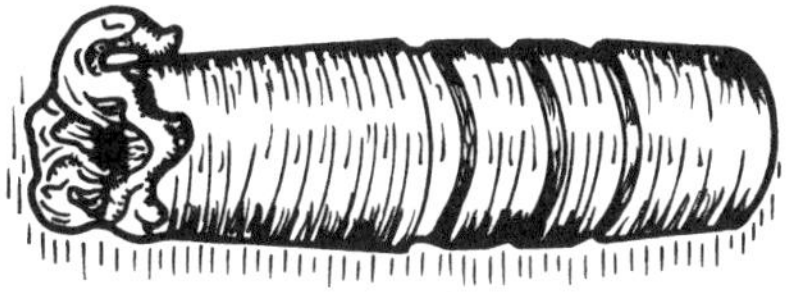

NATO諸国の対抗策（弾薬と小銃について）

旧ソ連系弾薬の高威力化に対抗するため、NATO標準弾薬採用国では、それぞれに独自の改良をし、開発競争が繰り広げられています。NATO標準弾薬として規定されているのは外寸程度ですから、採用国それぞれに、その標準化の範囲内で工夫を凝らしています。そのため、それぞれの弾薬を知ることによって、それぞれの国の戦い方が見えてきます。

米軍では、当初設計基準としていた高性能の弾薬が軍に納入されず、性能に劣る有効射程が500m程度の5・56㎜ M193弾を制式弾薬とせざるを得ませんでした。MINIMIの設計で知られるベルギーのFNハースタル社はこれを改良し、商品名

「ＳＳ１０９」という５・56㎜高速弾を開発、これが５・56㎜ＮＡＴＯ標準弾として採用されます。

ＳＳ１０９は、鉛の弾芯の重量を増やし、弾頭先端にスチールチップを組込み、尖端には空洞（エアスペース）を設けたものです。この弾丸は、図42のように、命中した際に空洞が空けられた先端が潰れて回転し、血管や神経を切り刻む効果を狙ったもので、発射薬の改良により射程も６００ｍまで延伸しました。

M16小銃と使用弾薬の不適合により多くの米軍将兵がベトナム戦争で死亡したことや、この問題が下院軍事委員会、M16ライフル・プログラム特別小委員会公聴会で取り上げられるなどしている間に、ヨーロッパで用いられるようになったＳＳ１０９が５・56㎜弾本来の性能なのではないかと米国内でも勘づかれるようになります。

そしてようやく米軍でも、本来の適合弾薬の性能を持つ５・56㎜弾をＭ８５５として採用、弾頭を緑色に着色して「グリーンチップ」と呼称することで、従来の弾丸と区別するようになりました。以降、５・56㎜弾には弾頭重量増加と発射薬改善により有効射程を７００ｍまで延長するなどの研究がなされました。しかしながら、先進国の多くは、5・56㎜弾では新技術を盛り込む物理的な大きさの限界に至ったことがわかると、開発の余地の大きい7・62㎜ NATO標準弾に研究の重点を移行させました。

このような能力向上型7・62㎜弾を用いて、交戦距離300〜600mにおける射撃能力の優勢を獲得するため、新カテゴリー銃として戦闘銃「バトルライフル」の装備化が進められるようになりました。

「バトルライフル」とは、7・62㎜×51㎜ NATO常装薬弾（銃口初速760m/s）の能力を向上させた、銃口初速848m/sを出す7・62㎜×51㎜弾を射撃する自動銃であり、旧ソ連系小銃弾の7・62㎜×39㎜短縮弾（銃口初速735m/s）を射程距離、破壊力ともに凌駕し、7・62㎜×51㎜ NATO減装薬弾（銃口初速720m/s）を用いずとも連射時の命中精度が高い性能を有しています。弾丸の飛翔速度の差は、生体組織における弾丸の作用において、750m/sの弾速が境目となります。

動物実験やバリスティックゼラチンによる試験から、弾丸が600m/s以上の速度で生体に命中した場合、衝撃波により空洞現象（Cavitation）を起こすことが知られていますが、750m/s以上の速度になると、単に生体内に空洞を発生させるばかりではなく、射出口側の組織を吹き飛ばす「一撃必殺」の破壊力を発揮することが明らかにされています。銃口初速848m/sの7・62㎜×51㎜弾であれば、射撃距離350m付近でも600m/s以上の弾速と運動エネルギーを維持しており、空洞現象を発生させることが可能です（同距離での5・56㎜弾は運動エネルギーが7・62㎜弾の3分の1に減衰）。このことから、「バトルライフル」とは「アサルトライフル」では届かない射程での戦闘を担う銃であるといえます。

一方で、5・56㎜弾を発射する小銃は、接近戦闘専用の突撃銃「アサルトライフル」として特化しつつあります。先進国の軍隊は射撃距離300m以内は近距離戦闘用の銃として口径5・56㎜の「アサルトライフル」、射撃距離300～600mは口径7・62㎜の「バトルライフル」が担当するものとして、それぞれの射撃距離に特化した小銃の装備化を進めており、小銃小隊に2挺以上の「バトルライフル」が装備されるようになりました。NATO標準弾採用国には、制式小銃「サービスライフル」、戦闘銃「バトルライフル」、突撃銃「アサルトライフル」の3種類の小銃装備化傾向が見られ、その割合は用兵思想、教育所要、予算

図43 SIG SG550

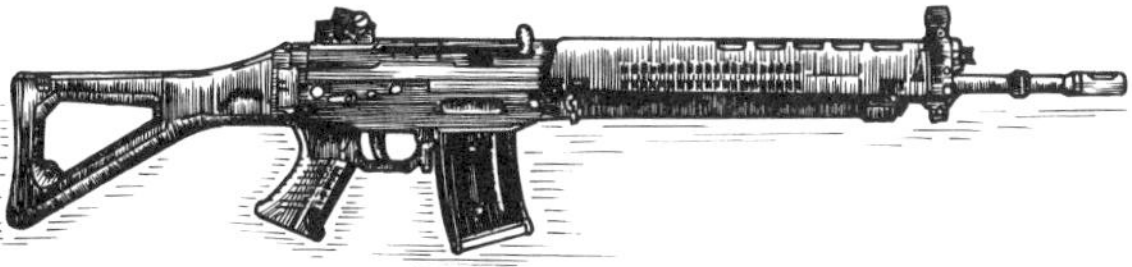

によって決められています。

スイスにおける国土防衛としての小銃運用

スイスはＮＡＴＯ諸国に小銃を供給していますが、自国の制式小銃ＳＩＧ ＳＧ５５０(＊108)（図43）は同じ5・56㎜の口径でありながら、独自設計の専用弾ＧＷ ＰＡＴ・90 ５・６㎜弾を使用することでＮＡＴＯ標準弾の有効射程を凌駕しています。制式小銃ＳＩＧ ＳＧ５５０の射程延長は、敵を遠方から減殺するとともに我は残存し、国の復興する力を温存しようとする姿勢が伺えます。

「スイスに陸軍はない、スイスという国そのものが陸軍である」と言われるように、スイスは国民皆兵の国であり、兵役を終えた成人男性にはＳＩＧ ＳＧ５５０を貸与し、居住地域担当の郵便局が一括保管しています。郵便局は現金、通信を担うので、武器を管理するにはちょ

＊108　スイス・シグ社製のアサルトライフル。1983年にスイス軍制式小銃として採用された他、バチカン市国の衛兵隊も装備している。命中精度が高く、派生型であるSG551やSG552は世界中の特殊部隊でも採用される。口径5・56㎜。GW PAT90 5・6㎜弾を専用弾とするが、5・56㎜ NATO弾も使用可能（命中精度は専用弾に劣る）

うどよい拠点というわけです。

スイス国内では射撃競技会が年2万回以上開催され、その競技種目のほとんどは射撃距離300m以上です。スイス連邦法務警察省が発行する『民間防衛』(＊109)には町を要塞化して抵抗する記述があり、その後の章には占領後からの解放に至るまでは、避難中の国民に無益な怒りによる行動を戒め、抵抗活動を組織化できるまでは辛抱強く耐え忍ぶことを強調しています。

スイスは独自の防衛思想と、射程の長い制式小銃を採用しています。高い樹木がなく視射界に優れる高地や山岳地形の高低差を活用できる地形では長射程を活かして戦い、植生豊かな標高地域や郊外のような射撃距離に制約を受ける地形では、用意周到なキルポイントの設定により、交戦距離の優位性を維持しています。

銃弾の性能を自国防衛に役立てたインドネシアの取り組み

インドネシアはNATO弾採用国の小銃小口径化に倣い、制式小銃の口径を5・56㎜としましたが、自国の用兵思想により、射程を最大に引き出す改良を制式小銃に施しています。インドネシア軍ではMINIMIの設計で知られるベル

＊109　スイス政府が発行する国民に向けた戦争・災害マニュアル。原書房より日本語版が出版されている

ギーのFNハースタル社設計であるFN－FNCをライセンス生産する際に、独自に延長させた銃身設計を取り入れ、同じ弾薬を使用しながらも射程を延伸させたPINDAD SS1－V1[＊110]小銃を採用しました。

これは敵が上陸する前に洋上で、内陸へと進出する前に海岸で減殺する明確な目的に基づくものです。AASAMにおいて毎年のようにインドネシアが最上位の成績を収めるのは、5・56㎜ NATO標準弾薬を使用する小銃でありながら、スイス・SIG SG550同様に射程を延伸し、彼我が600m以上離れた状態から戦う現代の地上戦によく適合したためと推測できます。

次期小銃をどう選定すべきか

将来の小銃について考察する場合、どの敵と戦い、どのような戦い方をするのかについて研究する必要があります。地形や植生は、戦いの際に有効に活用するものではありますが、交戦距離を決めるものではありません。スイスのように我の健在を維持しつつ戦い続けようとするのであれば、銃の性能を最大に活かしつつ敵の間合いよりも遠方から射撃することが有利であり、地形や植生が射撃距離

＊110　インドネシア・ピンダッド社がベルギーのFNハースタル社開発のFN－FNCをインドネシアの用兵思想に合わせて改良したアサルトライフル。口径5・56㎜。5・56×45㎜ NATO弾を使用

を得る上で障害となるのであれば、あらかじめ視射界の清掃を施したキルポイントを設定しておく解決策もあります。

我が国の新小銃について考える上では、射撃距離や威力をどの水準に置くべきかの検討が必要です。資源は限られているのですから、米軍のように、制式小銃に加え、アサルトライフル、バトルライフルの合計3つのカテゴリーの銃を装備できる予算があるのか、オーストラリアのように制式小銃を多機能化するのか、スイスやインドネシアのように制式小銃の射程を延伸させて戦い方を工夫するのか、いずれの装備方針を採択すべきかを総合的に研究する必要があると考えます。

対物狙撃銃が採用される本当の理由

世界30ヵ国以上でバレットM82(*111)が対物狙撃銃（Anti Material Rifle）として採用されるように、12・7×99㎜ NATO標準弾薬(*112)以上の大きさの弾薬を使用する狙撃銃の普及が、洋の東西を問わず急速に進んでいます。戦闘に勝つためには簡明、つまり簡単で明解であること、数を揃えられることが重要な要素となります。兵器の殺傷力向上に伴い、地上戦闘員の損耗が激しい現代戦では、性能に優れる

＊111　アメリカ・バレット・ファイアーアームズ社製のセミオート式狙撃銃。弾道直進性の高い12・7㎜弾を使用し、焼夷弾、徹甲弾、炸裂弾のような特殊な弾丸も使用される大型ライフルである。口径12・7㎜。12・7×99㎜ NATO弾を使用

＊112　1921年から使用され、大型の機関銃や狙撃銃の弾丸として使用される

精緻な武器と少数の突出した職人的能力よりも、性能はやや劣るものの構造が単純で生産性が優れることにより、数を揃えて誰でも扱うことができて、短期間の訓練で標準レベルの効果を発揮する武器の方が「戦い続ける」ことが可能になり、重宝されます。12・7×99㎜ NATO標準弾薬を用いる狙撃銃が競って採用される理由は、短期間に多数の狙撃手を養成し即戦力化できるためで、第2次世界大戦の太平洋航空戦がヒントになっています。

この日米開戦直後、アメリカ軍航空隊は、日本海軍の三菱零式艦上戦闘機[*113]や陸軍の中島一式戦闘機「隼」[*114]に対して苦戦します。1937年の日中戦争開戦以来、空中戦を続けてきた日本軍パイロットは操縦技能に優れていた一方、アメリカ軍は短期間でパイロットと日本軍機の性能を上回る戦闘機を装備する必要に迫られました。

まず、パイロットの養成には徹底した標準化教育が行われました。当時のアメリカ陸軍、海軍航空隊には、日本のエース・パイロットのような目立った撃墜王は存在しません。しかし前線で優れたパイロットと評価された者は、アメリカ本国に呼び戻され、教官としてその技量を標準化し普及することを求められました。

＊113 堀越二郎らが設計し、三菱重工業、中島飛行機が製造した大日本帝国海軍の艦上戦闘機。1940年運用開始。徹底した軽量化による高い運動性能により、太平洋戦争初期において非常に優れた戦果を挙げた。しかし、無理な軽量化による耐久性の低下に加え、アメリカ軍の新鋭戦闘機の投入により、徐々に戦果を挙げることができなくなっていった

＊114 小山悌が設計し、中島飛行機、立川飛行機などが開発を行った大日本帝国陸軍の戦闘機。1941年より運用開始。零式艦上戦闘機同様、太平洋戦争中盤以降は連合軍の新鋭戦闘機に苦戦を強いられた

いくら航空機の操縦技能に優れていても、それは1人の人間にすぎません。1人の人間の力が3倍4倍になることはあり得ませんし、本人が前線で戦死してしまったらその時点で能力発揮が終わってしまいます。短期間で戦争が終わるのであれば名人芸に頼ることもできますが、戦い続けるためには、飛び抜けた能力よりも、標準レベルの能力を備えた人材を短期間に多く養成できることが重要です。

当初の零式艦上戦闘機には、20㎜機関砲2門（翼内）と7・7㎜機銃2挺（機首）が搭載されていました。1人の操縦手に、操縦しながら2種類の銃砲を運用することを求めていたのです。簡明の反対である複雑なことをしたのは、20㎜機関砲弾への過度な期待でした。日本国の法令上、国際慣例上、口径20㎜以上は「砲」に分類され「銃」とは機能が異なります。口径20㎜以上の砲弾からは、起爆装置である信管と炸薬を仕込むことが可能になるため、防御力に優れる敵の戦闘機や爆撃機を1発で仕留めることができると期待したのです。

しかし、当時の銃はスイス・エリコンFFをライセンス生産した九九式1号銃で、初速が600m/sと64式小銃よりも遅いものでしたから、弾道が曲線を描きます。3次元運動の最中の空中戦で弾道が曲線を描く機関砲を命中させるのは至難の業でした。しかも、携行弾数が1門当たり60発、増えても125発と少なく、着弾修正している間に撃ち尽くしてしまうので、前線ではほとんど役に立ちませんでした。坂井三郎氏(＊115)他、多くのエース・パイロットが1挺当たり300発を携行した7・7㎜の方が役に立ったと証言しています。零式艦上戦闘機に20㎜機関砲が搭載されていたことが話題にのぼるのは、数少ない成功例が注目されたにすぎず、20㎜機関砲搭載は決して零式艦上戦闘機の長所ではなかったのです。

＊115 日本海軍軍人。最終階級は海軍中尉。太平洋戦争におけるエース・パイロット

第5章

コンバットメディックの必要性

ナガタ・イチロー氏との関わり

二見　話は変わって、２００３年頃に私が連隊長を務めていた40連隊に来て訓練していただいて、当時、何か感じたことなどがありましたら、お話しいただけますか。

照井　私は、当時第18普通科連隊(*116)から師団司令部に異動したばかりでしたので、司令部と第一線の戦闘部隊である普通科連隊との違いがよく見えていました。さらに、札幌の第18普通科連隊と、最先端の訓練に励む第40普通科連隊の普通科部隊の違いについて、非常によく見ることができました。やはり、40連隊は陸士に至るまで自分でよく考えて行動をしていると思いました。普段、本来あるべき任務の達成に意識が向いてよく考えているということは、人生そのものも大切にしているということですので、全般的な隊員の印象としては、若い隊員ですら非常に大人に思いました。まるで他の自衛官とは違うかのように、精神年齢で決定的な差というものを感じておりました。

二見　照井さんは、当時３等陸曹でしたね？

＊116　北海道札幌市の真駒内駐屯地に駐屯する陸上自衛隊第11旅団隷下の普通科連隊

照井　はい。

二見　当時、照井3曹から40連隊は学んだんですよね。ナガタ・イチローさんに紹介していただいたんですが、イチローさんとも関係があったのですか？

照井　40連隊での訓練のとき、イチローさんが札幌からやってきた私に北海道でぜひ訓練をさせてほしいと要望されまして、ご紹介を受けまして、私がイチローさんを当時の師団司令部の第3部長にご紹介をしました。第18普通科連隊としては、余分な仕事はしたくないということで大変反対されましたが、私は当時、師団司令部の第3部で勤務しておりましたので、第3部長の指示により、イチローさんによる訓練が実現できました。アメリカでの最先端の戦闘技術を日本人に適合するように教育できるイチローさんの能力は大変素晴らしく、人柄も立派だと思いました。

衛生科職種の幹部になる

二見　その後、照井さんが幹部になったとき、私は大きな衝撃を受けました。普通科ではなく、衛生科職種に入っていったわけですが、何を志して入っていったのでしょうか？

照井　戦闘部隊が強くなるためには衛生科の知識、解剖・生理について精通することが必須で、このことは30年前、柘植久慶氏(＊117)の著作を読んでから意識をするようになりました。

現在の射撃術やナイフ格闘銃は、人体の解剖・生理の研究が反映されています。イラク・アフガニスタンの戦闘外傷の研究から、致命的な外傷を負った場合、脳はパニック状態に陥るため、しばらくの間、痛みを感じないことが解明されてから は特に顕著です。至近距離射撃が脳幹などの中枢神経を破壊するように組み立てられていることも、ナイフ格闘が脚の腱を切断して動けなくすることを重視するようになったのも、致命傷を負った直後は痛みを感じないことが明らかになったためです。

米軍の戦闘部隊の兵士が、陸自の下手な衛生科隊員よりも解剖・生理の知識に詳しいことに驚いたことがあります。衛生の知識というのは、知らないと救命ができないですし、戦いにも勝つことができないのです。今は身体の真ん中を狙って撃てば勝てるという時代ではもうないんですね。そのため、致命的な部分を殺

＊117　元軍人の作家・軍事評論家

すつもりで撃たない限り勝てないです。

じゃあ、どこを撃てば相手にとってもっとも苦痛といいますか、命を奪えるかというところはやっぱり知らなければいけない。その場合、衛生科の知識と、銃弾の持つ将来の可能性ですとかそういうものが結びつきますと、強い自衛隊にもなりますし、隊員の犠牲を最小にもできると。もちろん、普通科の幹部のままでも衛生管理についていろいろ話すことはできる、いろいろ研究ができると言われてはいたんですが、如何せん私は診療免許を持っておりませんので、系統的な医学の教育を受けたことがないんです。そうしますと、そうした教育を受けられるのは、衛生科のＢＯＣ（幹部初級課程）しかないということで、衛生科に職種を変えることに挑戦しようと思いました。

二見　それで入ってみたら、ギャップがすごかったんじゃないですか？

照井　衛生科についてですが、非常に勉強する職種だと思いました。つまり、医学の進歩は想像以上に速いものですから、それについていくためによく勉強する職種だなという風に思いました。ですが、世の中の変化については結構疎い感じもしました。医学の技術の進歩には敏感なんですけども、自衛隊が今後どうなるかということについては、どこか別の世界のことという感じで、命を本当に守ってくれるのかな、戦闘職種の隊員が死なないようにやってくれるのかというところが、実際肌で感じてみて不安に思わざるを得なかったですね。

普通科の衛生小隊ですと、自分が配置される中隊の隊員というのは、普段から顔や名前を知り、いざ負傷すれば自分が応急処置を施す隊員たちですので、責任感を持って非常によく勉強しますし、命を救おうということに熱心です。その一方で、師団、旅団より後方の衛生科部隊になると患者を受け入れる態勢ですので、自分が直接知る隊員がケガをしてそれを手当てするというリアリティーに乏しく、自分が覚えた衛生科技術を一生使うこともないだろうという気持ちからも、変化を好まないというか、今までどおりで何が悪いのかという隊員が占める割合が大きいものでした。

阪神淡路大震災以降、当時は独立部隊で大所帯だった師団衛生隊も規模は4分の1に、後方支援連隊の中に組み込まれて独立性も失いました。部隊規模縮小で後方職種の中でも少数派になってしまいました。米軍の衛生科は歩兵、騎兵、砲兵、工兵に次いで人数が多く全軍の12％を占めるのですが、陸上自衛隊は6％と後方職種の中でもさらに少なくなりました。有事は治療・後送業務の中心となり、平時は指導者である医官も大量に退職してしまい、防衛医大卒業者数から計算すれば2300人いなければならないところ、防衛省発表では900人程度ですが、これは歯科医官（歯科医）150人を加えた数字で、防衛医大では歯科医を養生していません。960人から歯科医官150人を引いた750人が実際の医官の人数ですから、必要数の3分の1を割り込んでおり、健康管理業務すら危ぶまれる状態です。

医官の欠員は看護官が補い、看護官の業務を他の医療職が補うため、慢性的な人手不足、さらに衛生科部隊は縮小されても衛生支援業務数は減りません。その当時、師団衛生隊は後方支援連隊衛生隊と方面衛生隊へと改編、私のいた第11師団の第11後方支援連隊衛生隊は第11旅団、後方支援隊衛生隊へと縮小と部隊改編がいくつも重なったものですから、もう変化したくない、つまり疲れ切ってしまったという状態でもありましたね。

コンバットメディックの進歩

二見　照井さんの出された本(＊118)の帯にもあるように、撃たれると最短1分で死に至るというものをどういう風に救っていくかが問題としてありますが、自衛隊と世界とでは相当な開きがありますよね。このギャップは、これからどうやっていけば埋まっていくのかというのをすごく心配しているのですが、どうでしょうか？

照井　米軍はあまり変わらないものでして、２００４年のファルージャの戦い(＊119)までは、実はまだ三角巾と棒きれで止血をしておりました。２００３年５月１日にイラク戦争が終結します。その年の戦死者は４８６名、負傷者は２４１６名でした。ところが、戦争が終わってもテロとの戦闘は続き、戦争終結１年後の２００４年の戦死者は８４９名と2倍近くに、負傷者は８００４名とピークに達します。２００７年までの４年間は戦争終結時よりも戦死者と負傷者の数が2倍以上の状態が続きました。戦死者のピークは２００７年の９０２人です。２００４年４月に戦死傷者が激増するまでは、ベトナム戦争からあまり変化はしておりませんでした。

＊118　『イラストで学ぶ！戦闘外傷救護―COMBAT FIRST AID―』（ホビージャパン刊）

＊119　２００４年にイラク・ファルージャで発生したアメリカ軍とイラク武装勢力との戦闘

ベトナム戦争の頃は、手足のケガで60％死んでおりましたので、とりあえず止血帯を配れば助かるだろうということで、2005年から止血帯の支給が始まります。ところが、止血帯を与えても死亡率が減らないものですから、死亡率33％だった胸部の穿通性外傷による緊張性気胸(＊120)や気道の破壊による気道閉塞に対応するため、個人の救急品から治療・後送のシステムまでを含め、もっと総合的に教育や物を整備しなければいけないという方向へ進み、2004年から4年間続いた対テロ戦争における戦死傷者が多い状態が続く中でそれらが洗練されていきます。

2011年まで続いた対テロ戦争では、教育と物の普及により、手足のケガによる死亡率は60％から5分の1の12％に減りましたし、特に緊張性気胸の死亡率を33％から1％にまで減らしたというのは世界的に見ても極めて稀です。

二見　それぞれ12％と1％へと減少したのはすごいですね。

照井　しかも、素晴らしいことに緊張性気胸の死亡率を低下させる取り組みは物も与えておらず、法律を変えてもいない。教育だけで達成しているんですね。現在の形のチェストシールという閉塞包帯(＊121)ができたのは、実は2012年以降です。

＊120　肺内の空気が何らかの原因で肺外の胸腔内に漏れ出て、肺や心血管を圧迫してしまう疾患

＊121　胸部に開いた外傷から胸の中に空気が侵入して呼吸に影響を与えぬように、胸部の外傷を密閉するために開発された救急医療品。余分な胸の中の空気を外側に排出する弁を備えたものもある

二見　まだ新しいんですね。

照井　このとき、緊急性気胸による死亡率を1／33に減らしたのは、「とにかく胸に穴が開いたら塞げ、ビニールか何か空気を通さないもので塞ぎなさい、具合が悪くなったらめくりなさい」、これをとにかく教育して徹底させたのです。つまり、物がないとか、予算がないとか、法律がとか、そういうことではないんですね。教育だけで死亡率を1／33に減らしているんです。ですから、やる気になれば救命はできるんです。そのやる気の炎というか、それがあれば自衛隊は変われるでしょう。

それに、しっかりした教育が行われていないと、いくら物を与えても救命にはならないです。実際、米軍が死亡率を1／33に減らした実績をもとに作られたチェストシールを、陸上自衛隊は15万4千人分も購入して隊員1人ずつに配布しましたが、教育は行われておりません。また、そのチェストシールについても、アメリカにおいては間違って使用すると死亡する恐れがあるということで使われなくなったものを後生大事に買って配って、しかも使い方を教えないという現実を見ますと、その情熱というか炎というのはあるのかというところは疑問を感じざるを得ないですね。

お金がないからできないと言う人は、お金があっても何もしない人です。法律を理由にする人も同じです。法律という言葉が出てきた段階で思考が停止してしまう。戦場で救命のうち90％近くは法律の改正を待たずともただちに実行できます。法律がもっとも大きな壁となるのは、戦場での鎮痛の分野です。日本は麻薬の管理が非常に厳しく、病院内であっても麻薬の使用が制限されています。医師であっても麻薬を病院外に持ち出せる機会は少なく、外傷に対する鎮痛薬としての適応が実証されていない鎮痛薬を使用しているという、平時でも危うい状態にあります。法律を問題にするのであれば、何法の第何条、第何項のどの部分といった具体的な議論がなされるべきです。

アメリカではテロとの戦いが終わった２０１１年の翌年、２０１２年に、それまで軍に蓄積された外傷治療のデータと研究が民間にも公表され、医学の外傷救護・救命の分野が一気に進化しました。それ以前の教科書の多くが書き換わりましたが、日本はまだ２００３年に米国から導入したＪＰＴＥＣ（Japan Prehospital Trauma Evaluationand and Care：ジェイピーテック）という病院前外傷教育プログラムが主流です。交通事故が主な教育内容で、戦闘外傷の体験学習はありません。

まず、2012年以降の最新の外傷教育を行うべきであること、心肺停止とテロ対策を含めた銃創・爆傷・刃物による致命的外傷への総合的救命教育を行うべきとして、JPTECの源流であるITLS（International Trauma Life Support：国際標準病院前外傷教育プログラム）の創始者が立ち上げたTactical Medicine Essentials（国際標準戦闘外傷教育プログラム）の普及に努めていくべきです。

戦場において救命を進めるポイント

二見　フランス軍は昔から編成で衛生隊員が多い軍隊だと思うのですが、照井さんはそのあたりも詳しいと思いますので、ぜひ聞かせていただけませんか。

照井　フランス軍はですね、60人の実任務部隊当たりに1名の医師、1名の正看護師、2名の准看護師が配属されます。つまり、4人で60人の戦闘部隊を支えるわけですね。メディックというものがフランス軍にはありません。つまりフランスの国そのものに救急救命士という職業がありません。消防車の内装の半分が救急車の構造になっていて、救急隊員ではなく、消防士が救急隊員を兼ねています。日本の救急車のように運用されているのはドクターカーですので、医師が現場に出るようになっております。フランス軍の実任務部隊も同じです。医師が第一線の患者集合点にまで出てきます。

二見 そこは自衛隊とは全然違いますね。

照井 自衛隊の場合は医師でなければ処置できないという法律に縛られているとよくいいますが、フランスは医師を前に出すんですね。ですので、救命は現実にできております。アメリカの場合は、限定的ながらも医師の能力を持つ救命士を前方に出すことによって、救命率を上げています。日本の場合は、どちらもしないということです。

二見 考え方を変えてみると、日本が戦うときは専守防衛なので、国土戦になる可能性もあるかと思いますが、日本の中にすでにあるものをどう使っていきながら国を守るかということを考えていくと、総合的に救急救命は進むのではないかと。また、それが国土戦の利点ではないかなと思いますが、何かその辺りにヒントがあるのかなといつも思っていますが、どうですか？

照井　まず、法律があっていうことですが、それでは法律の第何条が問題かというところが議論されたという具体的な話を一度も耳にしたことがありません。例えば、一般の人が救命をしやすくする「善きサマリア人の法」(＊122)の法整備ですが、こちらも何回か議題には上がるんですが、結局のところ法律の改正や制定には至ってないですね。だいたい憲法自体70年間も1回も書き換えておりませんので、法律を整備して実際に何かをしようという、そうした動きはありません。そのため、個人の努力ですとか、個人の責任において救命に頼っているというのは、平時の救急においても同じなんです。

　自衛隊のメディックの教育の改革として、例えば気管挿管ができるとか、本来グレーゾーンだったものが厚生労働省の通達1つで以前からできることになっているとか、そうした形できちんとした法整備をしないものですから、今でも個人の努力に頼っている状態です。まず、この姿勢を変えないといけないですね。

二見　何か突破できそうな兆候やヒントはありますか？

照井　ヒントとしましては、やはり教育だけで1／33まで緊張性気胸の死亡率を

＊122　災難や急病により命の危機に晒されている傷病者・患者を救うため、無償で善意に基づき、良識的かつ誠実な行動によるものであれば、たとえ結果として失敗しても、その結果につき責任を問われないという趣旨の内容の法律。日本には同様の法律がないため、民法698条「緊急事務管理」の適用が考慮される。「善きサマリア人の法」との違いは、「善きサマリア人の法」は救護された傷病者が証拠を揃えて救護者を訴えることになる一方で、「緊急事務管理」の場合は、救護者が自らの行為が善意に基づき、良識的であり過失がないことを証拠を集めて証明しなければならない点にある

減らすことができたというアメリカの取り組みに学ぶことがあると思います。つまり、法律を変えなくても物がなくても、教育によって救命できる部分ってすごくたくさんあるんです。そこに優れたものがあれば、戦場の救命の90％は可能であると、法律を変える必要もなく実現できるということが予測されます。

今後の活動について

二見　これから照井さんは、いろいろな活動にチャレンジしていくかと思いますが、これからの活動の方向性についてお話しいただけませんか。

照井　まず、一番しなければいけないのは、救命に関する意識を変えることです。いろんなところで「簡単なことを教えてください」という風に言われます。しかし簡単にしたければ、物を良くしない限り簡単にはならないです。例えばカメラでいいますと、オートフォーカスになったので誰でも写真が撮れるようになったわけですよ。物が良くなったからですね。ＡＥＤもそうです。簡単にというのであれば、道具を進歩させる他ないわけですね。そのために簡単にする、シンプルにするということは、極めて努力が必要なことなんです。お金も大変かかります。

例えば、ＡＥＤの開発や整備というのは、実際大変なお金がかかっています。ですが、誰でもできるようにすることによって、救命率は4倍以上アップするわけですから。年間7万人の人が心臓の突然の停止で死んでいます。その中で救命率が4倍アップするということは非常に大きい意味があるわけですね。自衛隊の救命についても同じです。やはり、道具で始まり段取り八分なんです。そのための努力をしない限り、シンプルで簡単に救命が実現できるということはないんです。そうしたことの情報発信ですとか、教材の開発教育、システムの整備というものに取り組もうとしております。

二見　今、そのような志を持っている仲間は、徐々に集まってきていますか？

照井　現在、テロ対策に取り組んでいる医師ですとか、どんどん集まってきております。やはり、医療と戦闘を行うイメージの強い自衛隊というのは相容れないものがありまして、最初はかなり毛嫌いされる先生もいらっしゃいましたが、粘り強く情報発信をしたり教育内容の整備をしていくうちに、どんどん頼りにされるようになりました。

国防についてなんですが、私は今は退職してしまったので自衛官として直接それに携わることはできません。しかし、海外の危険地帯で活動する日本人に対して、命を守る技術を教えることを通じて、海外の日本人の評価が上がってきています。つまり、日本人を通じて世界は日本という国を考えるわけですから、日本人の評価が上がることによって、日本を守るということに繋がるのではないかと考えております。これもまた1つの国防のあり方であろうと。実際に戦うときの実力を持つということも大事ではあるのですが、やはり戦争はしないに越したことはないので、それを未然に防ぐということでは日本人の評価は非常に大事です。また、それは先代の日本人が長い歴史をかけて築いてきたものですので、それを発展させるということが、戦争を二度と繰り返さないということに繋がるのではないか、自衛隊で得た経験もそこで役に立つのではないかと考えております。

二見 ありがとうございました。この本は、いろいろな分野の方に知識や示唆を与えるものになるのではと思います。1つ1つ照井さんが積み上げていくものが、中からではなく外から影響を与えていくかと思いますので、これからも頑張っていただければと思います。

おわりに

照井氏とは、いつのまにか出会いから15年以上の月日が経っています。照井氏との出会いは、40連隊の単行本シリーズ第2弾『自衛隊最強の部隊へ—CQB・ガンハンドリング編』（誠文堂新光社刊）に登場したナガタ・イチロー氏から「自衛隊にはなかなかいない、鉄と油の匂いのする人物（実弾射撃と銃の手入れを日常行っている狩猟を行う人）がいます。彼の名前は、照井といいます。今回の訓練から第11師団司令部第3部長の命により北海道から参加してくれます」と紹介されたところから始まります。

当時、照井氏は陸曹でしたが、40連隊の隊員に対して銃の取り扱い、弾丸の特性に関する講習を依頼するほど高いレベルの人物でした。弾頭の形状、弾頭を覆う金属の種類による破壊力の違い、装薬（弾を発射させるための火薬）による弾丸の威力と弾道の特性など、幹部を含む40連隊の多くの隊員は、ナガタ・イチロー氏の訓練の合間に行う、当時3等陸曹の照井氏の話に引き込まれ、称賛しました。自衛隊内では聞くことのできない貴重な話だったからです。

出会いから、機会があるたびに照井氏へ教育を依頼してきました。照井氏は、業務の都合をつけ、コンバットメディックに関する教材を詰め込んだ大きなリュックとともに、人柄の良さを感じる満面の笑みとともに駐屯地へ来て、丁寧に、そして熱心にコンバットメディックの教育を実施して下さいました。毎回感じることは、会うたびに照井氏の能力と人柄が向上していることです。継続は力なりと言われますが、まさにこの言葉を実践し、多くのハードルをクリアされてきたと思います。現在、照井氏は、今まで地道に学んできた内容が氏の中で融合され、体系的な整理ができ上がり、これから大きな飛躍を果たす時期に来ていると思います。そのような忙しい状態でも学びの時間と労をいとわず追及している姿を目にすると、さらにパワーアップされていくことが目に浮かびます。照井氏とは機会があれば、今度はコンバットメディックについて対談をできればと思います。さらなる照井氏の活躍を祈念いたします。

2020年4月　二見龍

デザイン　鈴木徹（THROB）
イラスト　大橋昭一
校正　中野博子
編集協力　若林輝（リバーウォーク）

進化《しんか》する世界《せかい》の歩兵装備《ほへいそうび》と自衛隊個人装備《じえいたいこじんそうび》の現在《げんざい》

弾丸《だんがん》が変《か》える現代《げんだい》の戦《たたか》い方《かた》

2020年4月17日　発　行　NDC391

著　者　二見龍《ふたみりゅう》、照井資規《てるいもとき》
発行者　小川雄一
発行所　株式会社 誠文堂新光社
〒113-0033 東京都文京区本郷 3-3-11
［編集］電話 03-5805-7761
［販売］電話 03-5800-5780
https://www.seibundo-shinkosha.net/
印刷所　星野精版印刷 株式会社
製本所　和光堂 株式会社

ISBN978-4-416-61981-0